孙大章◎著

中国古代建筑小史

A Brief History of Chinese Ancient Architecture

U0273446

清华大学出版社
北京

图书在版编目（CIP）数据

中国古代建筑小史 / 孙大章著. —— 北京：清华大学出版社，2016

ISBN 978-7-302-41900-6

Ⅰ.①中… Ⅱ.①孙… Ⅲ.①建筑史–中国–古代 Ⅳ.①TU-092.2

中国版本图书馆CIP数据核字（2015）第259801号

责任编辑：徐　颖
装帧设计：谢晓翠
责任校对：王荣静
责任印制：沈　露

出版发行：清华大学出版社
　　　　　　网　　址：http://www.tup.com.cn,　　http://www.wqbook.com
　　　　　　地　　址：北京清华大学学研大厦A座　　邮　　编：100084
　　　　　　社总机：010-62770175　　　　　　　　邮　　购：010-62786544
　　　　　　投稿与读者服务：010-62776969, c-service@tup.tsinghua.edu.cn
　　　　　　质量反馈：010-62772015, zhiliang@tup.tsinghua.edu.cn
印装者：北京天颖印刷有限公司
经　　销：全国新华书店
开　　本：145mm×210mm　　　**印　　张**：9.375　　　**字　　数**：175千字
版　　次：2016年1月第1版　　　**印　　次**：2016年1月第1次印刷
定　　价：39.00元

产品编号：066524-01

前　言

　　中国比较正规的建筑史学研究，若自1929年国内最早的建筑历史研究团体"中国营造学社"成立之日算起，迄今已有八十余年。其间，经国内各地学者潜心研究，多方努力，已取得了可观的成绩，在中国科学技术史的诸门类中，建筑史研究可说是处于领先地位，其社会作用也日益增大。但建筑史的社会效用问题却不能一下就能被人们认识到。

　　《中国营造学社缘起》曾提到："中国之营造学在历史上、在美术上，皆有历劫不磨的价值，……非依科学之眼光，作有系统之研究，不能与世界学术名家公开讨论，……深惧文物沦胥，传述渐替，……纠合同志若而人，相与商略义例，分别部居，庶几绝学大昌，群材致用。"其核心思想即是挽救国粹，发扬传统，对建筑史的社会作用并未详细研讨。解放初期受苏联文学艺术理论影响，提倡社会主义时代的艺术应该具有"民族的形式、社会主义的内容"。因此，学习中国建筑历史成为创造中国建筑的民族形式的直接目的。其后有的同志提出学习建筑史，认识祖国建筑成就，可以启发爱国热情，增强民族自信心，具有积极的思想教育作用。20世纪60年代时，学术界亦提出过"学习与研究建筑史，是为了从建筑发展的历史过程中引出建筑发展的客观规律，总结过去建筑创作的技术、技巧及多种多样的形式处理经验，以培养正确的建筑学术观点，提高建筑理论修养和创作技巧"，即从更深一层的意义上发挥学习历史的作用。多年来，这些观点都在不同程度上影响着、推动着建筑历史研究工作。

　　若以较高的要求考察建筑史的研究工作，与达到"学以致用"的目的尚有距离。一则是客观有困难，如建筑史基础史料尚待进一步发掘，研究的后备力量尚嫌不足，建筑史学科牵涉的范围太广，等等；但另一方面，在认识史学作用上存在不同看法，亦为重要原因之一。

"古为今用"的道理人人赞成，但如何达到"今用"的目的却看法不一。20世纪50年代中把具体历史形式简单机械地作为新建筑的民族形式加以引用，实为当时的建设工作帮了倒忙。社会条件不同了，历史形式不能简单地再现，对于已经成为过去的事，唯有从总结经验入手，得其精髓，才能收参借之功。即由现象到规律，由具象到抽象，由静止到变化，由实到虚，将历史经验上升到本质认识，才会潜移默化地影响人们的思维活动，反过来促进当前的工作。这样的理解可能是条曲折的道路，可能也是史学"今用"所需要的特殊道路。在这本"史话"论述中，希望朝这方面努力，效果如何，还有待实践的验证。

历来治史的表达方式并非一途，各有所长。以社会历史的通史著作为例，有的以人为纲进行论述，如以《史记》为代表的"二十四史"巨著，该体例称之为纪传体史书。历朝的帝、王、将、相皆有纪传，每个人在历史上的功过、作用，记叙清楚，一目了然。帝相为政，贤哲做人，皆可借鉴。有的史书以时间顺序为线进行叙述，如《资治通鉴》等，称之为编年体史书。社会历史的兴衰嬗替，条清目楚，人事交叙，相互补充，时代脉络非常明显。而且这类史书在查找资料方面也非常便利。再有的史书以事为体，如《宋史纪事本末》等书，称之为纪事本末体史书，记叙中不分人、时，而以重要历史事件发展始末缘由为叙史之本。不求罗列所有历史事实与人物，而把一代王朝有重要历史价值的事件中的经验、教训提炼出来，使读史者可有所借鉴。

　　近年来有关建筑史的著作亦有不少体例，除了地区性的、类型性的、游记性的或辞书性的书籍以外，通史体例的有：1980年由中国建筑科学研究院建筑历史研究所组织编写、由刘敦桢教授担任主编的《中国古代建筑史》。这是一本按时代划分为七个历史时期的建筑史书，对每个历史时期的各类建筑活动及遗存实例都进行了叙述及分析，以期使读者建立起时代概念。这本书虽不是按逐年排列方式进行编写，但总的来说应列入编年体历史的范畴。1982年，为适应教学需要，由我国几座高等院校的建筑系共同编写了一部《中国建筑史》教材课本，其中古代建筑史部分除概况外，其余各章节是按城市、宫殿、坛庙、陵墓、宗教建筑、住宅、园林等建筑类型进行编写的。每一种类型的基本情况、历史演变等皆详尽阐述，给读者建立起有关该类型建筑的纵向概念，应该说是一种纪传体的写法。1985年出版的《中国建筑技术史》是按工种类别分类编写的，这种编写方式虽非以人物为纲，却是以类型、类别为则，从体例上应该归入纪传体史书之列。1999年由中国艺术研究院组织编写的《中国建筑艺术史》，是以朝代为纲，以类型为细目编写的，属于编年与纪传相结合的写法。2003年出版的《中国古代建筑史》五卷集，是由东南大学、清华大学及中国建筑科学研究院建筑历史研究所的学者共同编写的。该书的资料已经极大地丰富了，观点亦有所发展，是目前较为深入的建筑史学论著。该书是按汉代以前、南北朝、隋唐、宋辽金、元明、清代五卷分述的，但每卷内的章节仍按建筑类型论述，也是采用编年与纪传相结合的写法。

各类编写方式皆有利弊，为了探索新的求知途径，不妨采取记事本末的方法，以历史事件为线索，采用"史话"的形式编写建筑历史。这样做可让初学者直接登堂入室，不必在"史料学"上兜圈子，将作者的心得与读者的感受直接挂起钩来。这类写法往往较多趣味性，使读者免去"苦读"的压力。亦可能更有利于达到寻求历史规律，借鉴历史经验的目的。这本书拟本着这种想法去努力。但作为尝试，其中谬误之处定不会少，恳希广大读者批评指正。

本书是作者于1986年应当时出版社的约请，作为《中国建筑知识丛书》中的第一本出版的，距今已近30年。以目前的研究水平考察，此书论述尚觉浅易，资料亦不够丰富，有些重要的历史事件及技术成就尚未论及，本人亦不满意。但受年龄及身体条件所限，已不可能重新编写。清华大学出版社认为该书深入浅出，通俗易懂，有一定的读者范围及阅读价值，对普及中国古代建筑知识有益，希望再版此书。本人只能就原稿略加增删，补充图片，以期水平略有改善而已，希望读者见谅。

孙大章

2015年6月

目录

古代各个国家、各个民族，乃至各个国家内的各个地区之间的建筑都具有明显的差异，表现出浓厚的乡土气息。中国地域广博，历史悠久，现存的具有特色的民居建筑不下数十种，其数量之多，形式之异，在世界各国中也是十分少见的。即使在今时今日，也是一笔丰厚的历史遗产。

严整的城市规划，标准化、多样化的木结构体系，建筑与自然环境的结合，就地取材，因材致用，绚丽多姿的色彩……中国传统建筑正是以其独特的风格和丰富的内涵，成为与其他国家或地区迥然不同的建筑体系，亦对现当代建筑艺术的发展作出了重要的贡献。

中国有文字记载的历史约四千年，而中国建筑的历史要比史书记录的年代古远得多。它经历过曲折的道路，同时又不断革新，不断发展。按照它自身的特点和规律，其发展过程可以大致分为原始社会时期、奴隶社会时期、封建社会早期、封建社会中期、封建社会晚期这五个历史阶段。

1

中国古代建筑的
历史分期和演变

中国幅员辽阔、人口众多、历史悠久，创造了高度的物质文明和丰富鲜明的文化传统。千百年来生活、蕃息在这块富饶土地上的劳动人民，就像创造各种璀璨古代文化一样，也创造了风格独特、成就突出的建筑艺术。历来研究建筑史的学者都把中国古代建筑列为东方四大建筑体系之一。古代亚述、巴比伦建筑为西亚古代建筑体系，负有盛名的空中花园、萨艮王宫等优秀建筑可称为一代奇迹。可惜这个体系早已湮灭。南亚地区的印度系建筑亦有漫长的历史，受婆罗门教、佛教传布的影响，产生过不少如桑契大塔、阿旃陀石窟等雄伟的宗教建筑。流风所被，影响远及斯里兰卡、缅甸、南洋群岛等地，但后来这个建筑体系被西亚的伊斯兰教建筑所隔断，没有持续发展下去。西亚后起的伊斯兰教建筑体系，遍布欧、亚、非三洲，成为中世纪建筑历史上的重要角色。但历史最悠久、风格最统一、特点最显著者，莫过于东亚的中国建筑体系。日本、朝鲜、中南半岛的建筑都长期稳定地融合在这个体系之中，至今它还蕴藏着生机，为创造我国未来的建筑形式提供有益的营养。

中国有文字记载的历史约四千年，而中国建筑的历史要比史书记录的年代古远得多。它经历过曲折的道路，同时又不断革新，不断发展。按照它自身的特点和规律，其发展过程可以大致分为五个历史阶段：

原始社会时期

大约从60万年以前开始至公元前21世纪止，经历了漫长的时光。在原始社会中，人类曾经历过原始人群、母系氏族社会、父系氏族社会三个发展阶段。新中国成立以来大量的考古发掘工作，已经揭示出了这三个社会发展阶段的基本面貌。当时的人类过着共同劳动、共同分配和消费的原始共产的社会生活。初期的社会生产为采集野生植物，以后发展为进行渔猎以及原始农业。使用的生产工具为石器，并经过了旧石器（打击形成的石器）和新石器（磨制出来的石器）两个阶段，有石斧、石凿、石锛、石刀、石箭镞等类型的工具。同时也有少量骨器。生活用具主要为陶器。

原始人群时期，人类尚不能大规模地改造自然，只能利用自然条件解决居住问题，多选择近水、近猎场的山洞居住。例如，50万～40万年前生活在北京周口店一带的北京猿人，即曾集体居住在天然山洞里（图1）。原始人群居住的山洞在河南、辽宁、湖北、浙江等地皆有发现，说明洞居是一种普遍现象。据文献记载，在南方潮湿、多猛兽的地区，原始人群也可能居住在树上。

距今四万年左右，中国原始社会逐渐进入母系氏族公社时期。到了六七千年前，中国母系氏族公社发展到了兴盛阶段，农业生产使人们定居下来，选择土层丰厚的黄土地区挖掘横穴或竖穴，用木材构筑简单的屋顶，作为居住的地方，并且形成村落。

图1：北京周口店原始人洞穴

从此开始了人类有目的的营造活动，再也不受天然洞窟的局限，穴居提高了原始人群择居的自由度。由于黄河流域所处的有利自然条件，原始氏族村落大量地在这些地方涌现出来。例如陕西西安市附近的半坡遗址（图2）、陕西临潼的姜寨遗址等，都是典型的原始氏族村落。

图2：陕西西安半坡遗址

约在5000年前，中国黄河、长江流域一带的母系氏族公社先后进入父系氏族公社。居住建筑有的已经完全建立在地面上，形成了真正意义的居住建筑。除了圆形、方形以外，还有"吕"字形平面以及三至五间房连在一起的形式。在中国的其他地区，由于地理和气候条件的不同，也出现了许多不同结构的房屋。如南方湖滨地区有在密集的木桩上构筑的房屋，江西一带有脊长檐短、呈倒梯形屋顶的房屋，内蒙古地区有用石块砌成的圆形小房等。

中国北部地区房屋的结构，基本上是采用木构件互相搭接，以绳或藤条绑扎方法固定的。屋顶为草泥顶，墙壁多为木骨泥墙。南方地区也出现了原始的榫卯技术。

奴隶社会时期

从公元前21世纪至公元前476年，前后经历了约1600年。按照古代传说，从夏代开始，中国进入了财产私有、王位世袭、大量使用奴隶劳动的阶级社会。夏代的创始者——禹动用了巨大的劳力整理河道，防治洪水，挖掘沟洫进行灌溉，修建城郭、陂池、宫室。目前考古工作者正在对可能属于夏代的几处建筑遗址进行发掘，进一步探索夏代文化。

公元前17世纪的商代已经进入奴隶社会成熟阶段，统治者大批役使奴隶，创造了灿烂的青铜文化。石器所具备的工具类型都已被青铜器所代替。根据某些建筑迹象推测，这个时期可能已经出现锯子。商代国都筑有高大的城墙，城内修建了大规模的宫室建筑群，以及苑囿、台池等。从河南偃师二里头早商宫殿遗址、湖北黄陂盘龙城商代中期宫殿遗址等实例中，可以看出建筑技术水平有了很大提高，并设计出了具有规整结构系统的大建筑物。奴隶主阶级根据"尊神事鬼"的迷信思想，在死后都要建造工程浩大的墓葬。在河南安阳小屯村商代晚期都城遗址中发现有大规模的宫殿、宗庙建筑区，还在陵墓区内发现了十几处大墓，墓内有数以百计的人殉。墓穴深入地下达13米（图3）。夯土与版筑技术是当时的一项创造，广泛用来筑城墙、高台及建筑物的台基。土和木两种材料成为中国古代建筑工程的主要材料。"土木之功"成为巨大建筑工程的代名词。

公元前11世纪建立的周朝，实行分封制度，在全国各地建立了以许多王族和贵族为首领的诸侯国，建筑活动比前代更多。从陕西岐山西周早期建筑遗址的发掘中，可以看出当时宫殿建筑

图3：河南安阳小屯村殷墟武官村大墓

已经形成了"前朝后寝"以及门廊制度。个体建筑平面中柱列整齐，开间匀称。西周时代开始制作陶瓦，改善了屋面构造。

延至公元前770年的春秋时期，社会财富不断集中在城市，对建筑提出了更高的使用要求。文献中记载着"山节藻棁""丹楹""采椽""刻桷"等对建筑外观描述的文字，说明当时已经产生了在建筑物中使用彩绘及雕刻等手段进行装饰美化的新趋向。

封建社会早期

早期封建社会大约自战国时代开始，至南北朝时代结束，即公元前475年至公元581年，经一千余年的历史。这个时期是中国封建社会逐步确立新的生产关系的时期，也是中国封建社会政治局面由第一次大统一到大分裂的时期。生产工具已经进入铁器时代，至汉代已经完成了铁器代替青铜器的改革。木构架建筑体系亦形成初级形态。

战国时代各国的都城以及商业城市空前繁荣，如齐的临淄、赵的邯郸、周的成周、魏的大梁、楚的鄢郢、韩的宜阳都是当时人口众多、工商麇集的大城。城市内分布着宫殿、官署、手工业作坊及市场。战国时代开始流行建造高台建筑，各国统治者都以"高台榭，美宫室"来夸耀自己的财富与权势，在政治上"以鸣得意"。

公元前221年，秦始皇灭六国，建立中国历史上第一个中央集权的帝国，在贯彻一系列政治措施的同时，也开始了更大规模的建筑活动。修驰道，开鸿沟，凿灵渠，筑长城。为了满足穷奢极欲的生活需要，征发70余万刑徒修建庞大奢华的阿房宫和骊山陵。并集中了全国的巧匠良材，依原有形式仿造六国宫殿，并将它们集中修建在咸阳北面的高地上。仅在首都附近200里内就修建了270处离宫别馆。沉重的劳役和残酷的剥削激起了农民的反抗与起义，结束了历时仅15年的秦王朝的统治。

　　继秦而起统一中国的西汉（公元前206年—前8年）和东汉（25—220年）进一步发展了封建经济，都城的规模更加宏阔。汉长安城（今陕西西安）内的未央宫和长乐宫都是周围10公里左右的大建筑群，城内贯通南北的大街长达5.5公里，街宽50米。汉代陵墓规制亦有变化。东汉以后地下墓室大量采用砖石结构，代替了木椁墓室，以求耐久。遗存至今的汉墓石阙以及墓中殉葬的陶制明器和墓壁装饰用的画像砖、画像石和壁画，都直接或间接反映出汉代建筑的丰富形象（图4）。

　　两汉时期是中国封建社会经济发展的第一个高潮，建筑的技术与艺术也呈现出划时代的变化。木构技术进一步提高，不仅应用于单层房屋，而且开始建造楼阁建筑。建筑屋顶形式多样化，出现了五种基本形式——庑殿（四面坡的屋顶）、悬山（两面坡的屋顶）、囤顶（弧形的屋顶）、攒尖（坡顶攒聚在中心点后屋

图4：四川绵阳平阳府君阙

顶）以及折线式的歇山顶（山面是悬山加披檐的屋顶）。砖、石
及石灰的用量较前增多。用于墓室中的空心砖长达1.5米，砌筑拱
券用的型砖有小砖、楔形砖、子母砖等多种类型。

　　三国、两晋、南北朝时期是我国社会历史上的动乱时期，由
于连年争战，人民生活极端痛苦，人民企图从宗教信仰中获得精
神上的解脱。因此，自东汉以来传入中国的佛教逐渐兴盛，建寺
立塔，成为当时建筑活动的重要内容。在北魏统治区域内建筑了

佛寺3万多座。《洛阳伽蓝记》中所记载的永宁寺即是洛阳城内一座规模宏大的寺院，寺内木塔高达9层，"去京师百里，已遥见之"。这座高大的木构建筑足以代表当时建筑水平之高。此外，还建造了大量的石窟寺。现存的山西大同云冈（图5）、河南洛阳龙门、甘肃敦煌莫高窟、甘肃天水麦积山、山西太原天龙山、河北邯郸响堂山都是当时著名的大窟。石工们以极为准确而细致的手法，不仅雕凿了巨大的佛像，而且檐廊、窟壁上还留下不少有关建筑的形象，可作为我们了解这时期建筑状况的参借。

图5：山西大同云冈第十窟前室西壁

封建社会中期

约自隋代开始，历经唐宋，以迄辽、金、元时代，即从公元587年至1368年，历时近800年的时间。这个时期我国封建社会进入第二次大统一，后又陷入分裂的局面。这个时期的封建生产关系得到进一步调整，建筑技术更为成熟，木结构房屋已有科学的设计方法，施工组织和管理方面更加严密。值得庆幸的是至今尚遗留着大量的古建筑实物，可作为分析研究当时建筑发展情况的例证。

隋朝时期，开凿了南起杭州，北达涿郡（今北京），贯通南北、长达1794公里的大运河，并在长安、洛阳、江都（今扬州）等地建造大批奢华的宫殿苑囿。但不久以后，它就被中国历史上一个新的辉煌灿烂的朝代——唐朝所代替。

唐代手工业和商业高度发展，内陆和沿海城市空前繁荣，作为政治、经济、文化水平的综合反映，唐代建筑也显现了新的突出成就。唐初即在隋代大兴城的基础上建造了当时世界上最大、规划最严密的都城——长安城（今陕西西安）。在八千余公顷的土地上有计划地统一布置宫殿、衙署、坊里、市场、庙宇、绿化、水道与道路等建筑与设施，道路系统是方直的方格网系统，主次分明、建筑形象宏伟富丽，是中国城市规划中的"里坊制"的成熟阶段。据文献记载，在洛阳建造了明堂（即万象神宫）和天堂，也是规模宏巨的大建筑物。现存山西五台山的南禅寺大殿和佛光寺大殿都是优秀的唐代建筑。佛光寺大殿是一座七开间的大殿堂，斗栱与梁架结合紧密，历经千年，巍然屹立，表现出唐代木构技术的高度水平（图6）。此外在佛塔、陵墓、桥梁方面亦有优异的创造。唐代建筑成就不仅促进中原地区建筑的繁荣，而且流风四被，影响到新疆、西藏、黑龙江等边远地区。

北宋时期手工业十分发达，在制瓷、造纸、纺织、印刷、造船等方面都取得了新的进步，商业活动亦发展很快。首都汴梁

图6：山西五台山佛光寺大殿

（今河南开封）不仅是一个政治中心，也是一个商业城市。千余年来在城市之内用高墙封闭起来的居住里坊，以及贸易必须在集中的市场内进行的制度被打破了——拆除了坊墙，取消了夜禁，沿街设店，按行业成街；还涌现出大量的茶楼、酒店、旅馆、戏棚等公共建筑，新的城市生活给城市带来崭新的城市面貌。这个时期的建筑艺术形象由于琉璃、彩画和"小木作"装修技巧的提高而丰富多彩起来。在一些重要建筑物上使用各色的琉璃瓦和贴面砖。室内外的木构件上普遍涂饰彩色油漆，仅官式彩画在北宋时期即已经有了5种标准格式，分别代表了5种不同等级的建筑。中国古代席地而坐的生活习惯，历经唐代的改革，至宋代已完全被踞坐所更替，室内家具由低矮的榻案变为较高的桌椅凳。门窗普遍由固定的直棂窗，改为可开启的格扇门窗，并配以多种多样的毬文、菱花纹的窗棂格。整个宋代建筑风格呈现出华丽纤巧的面貌。而北方的辽王朝却较多地继承了唐代传统，著名的应县木塔和蓟县独乐寺观音阁等大建筑，都还保持着结构谨严、气势豪放的风格（图7、图8）。在建筑方面，北宋尚为后世留下了一部工程技术专著，就是1103年出版的《营造法式》。它是由李诫主持编修的一部国家建筑规范书籍，书中详列了13个工种的设计原则和有关模数，以及加工制造的方法、工料定额和设计图样。这部书可称作是封建社会中期建筑技术的一个总结。

元代蒙古族统治者在统一中国以后，充分地利用宗教作为统

图7：天津蓟县独乐寺观音阁

治工具，尤其是喇嘛教占有特殊的地位。中原地区普遍兴建喇嘛寺庙以及西藏式的瓶式塔，俗称喇嘛塔。并在建筑装饰艺术中加入了许多外来元素。但从整体来看，元代的建筑仍然沿着汉族几千年的传统发展着。

图8：天津蓟县独乐寺观音阁内景

封建社会晚期

这个时期相当于明、清两代，自公元1368年至1840年鸦片战争时止，近500年间农业、手工业的发展达到了封建社会的最高水平。在政治上体现了封建社会最后一次大统一的局面，也是我国多民族国家进一步发展、融合、巩固的新阶段。在建筑技术和艺术普遍发展的基础上，造园艺术和装饰艺术获得更为突出的成就。

明代北京城是在元代大都城的基础上进行改建、扩建而成的。城市中心是辉煌富丽的紫禁城（宫城）。古代文献中以宫室为中心的都城规划思想，在这里得到了最完整的体现，并形成了一条贯穿全城、长达8公里的中轴线，线上设置了城门、广场、楼阙、宫殿、山峰、亭阁，高低错落，抑扬开合，布局严整，气势雄伟，建筑群体布局艺术可称臻于高峰（图9）。明代帝王陵墓选择在北京的昌平区境内，群山环抱，双峪对峙，谷内因山就势布置了13座陵墓，长达7公里的神道作为墓群的脊干，建筑群与地形环境相结合，在创造肃穆陵园气氛上体现出了高度成熟的建筑艺术技巧。明代制砖生产迅速提高，普遍将各地城墙包砌城砖，并应用砖拱券结构建造了不少称为"无梁殿"的大殿屋。这个时期还建设了沿海卫所城市，进一步修整了驰名世界的万里长城。

1644年建立的清朝，基本上沿袭了明代的政治体制和文化生活，在建筑发展上也是一脉相承，没有明显差别。清代建筑艺术

图9：北京正阳门城楼及箭楼

发展的划时代成就表现在造园艺术方面。在二百余年间，皇帝们
在北京西郊风景区建设了畅春园、圆明园、万寿山清漪园、玉泉
山静明园、香山静宜园等一大批园林，合称"三山五园"。并在
城内原来明代西苑的基础上整修了三海（北海、中海和南海）。
康熙、乾隆时期出于政治原因，在长城以外的承德地区，建设了
规模巨大的避暑山庄。自明代开始，富商巨宦又在江南鱼米之乡的
苏州、杭州、无锡、扬州一带营建私家园林。这期间造园之盛，史
无前例。这些园林创造中所体现的多种艺术构思和意境，充分反映
了中国山水园的艺术特点，在世界造园艺术中独树一帜。

清代继续利用宗教作为统治的辅助手段，在全国各地广泛建筑喇嘛庙寺院，如西藏的哲蚌寺、色拉寺、甘丹寺、扎什伦布寺，青海塔尔寺，甘肃拉卜楞寺，都是著名的大寺院，称为藏传佛教的六大寺院。拉萨的布达拉宫建于17世纪初，它是达赖喇嘛居住的宫城，又兼有佛殿及灵塔殿等宗教建筑。它修在山顶上，峻峭挺拔，与山峰连为一体，创造出雄伟独特的建筑造型（图10）。康熙、乾隆时期在承德避暑山庄周围建造了11座寺院，合称为外八庙建筑群，这些建筑广泛吸收了藏、蒙、汉各民族的建筑风格，融于一体，再创造出新颖的形象。

清代木构建筑中大量应用包镶拼合木料，用小料拼合成大料，为创造体量巨大的建筑开辟了新的途径。烧制琉璃、玻璃技术有了新的提高。这个时期，各种精巧的工艺美术技术对建筑装饰产生了特别深刻的影响。鎏金、贴金、镶嵌、丝织、雕刻、磨漆等特殊技术，再配以传统的彩画、琉璃、粉刷、装裱等各项手法，将古代建筑装扮得更加五彩缤纷、绮丽多姿。

1840年中英鸦片战争爆发，宣告中国封建制

图10：西藏拉萨布达拉宫

度的末日。中国从此转入半封建、半殖民地社会，中国建筑的发展也就开始了新的篇章。

穴 居及巢居分别是我国上古时代北方、南方的原始居住形
式，而它们也分别演化出了抬梁式、穿斗式这两种中国古
代建筑最普遍的建筑形式。半坡及姜寨是我国原始社会最有代表
性的居住遗址，其建筑布置形式已经明确反映出当时社会生活的
特色。

2

半坡及姜寨

两种原始的居住形式

我国古老的《易经》的《系辞》中记载："上古穴居而野处。"《礼记》一书中也记载："昔者先王未有宫室，冬则居营窟，夏则居橧巢。"这两段记载反映了原始人类在生产力极为低下的情况下，受兽洞、鸟巢的启发，采用两种最简单的构造方式建造住屋，即"穴居"和"巢居"。而后丰富而神奇的建筑术正是在这种简朴的构造形式基础上发展而来的。巢居是以一根或多根树木为基干，上面搭接架木、棚屋而成，人类居住在上面，以木梯上下，可防猛兽的侵袭。至今在农田或果园中的看守人小屋尚采用类似巢居的构造。为了适应渔猎及农牧生产的需要，人类的居住点不能只依附于树木，必须在生产活动附近自由地选择居住点。为此，创造了类似巢居的"干阑"式建筑。干阑是一种由木柱架起的木构房屋。居住生活在上层，以避免土地潮湿及虫兽的侵扰。而下层木柱间不作生活空间使用，或仅作饲养牲畜之处。在我国西南各省农村中，干阑式建筑仍在普遍应用。许多太平洋沿岸的国家，也广泛建造干阑式房屋，说明该种建筑构造有世界共通性。20世纪70年代，在浙江余姚县的河姆渡村发现一处新石器时代居住遗址，除了出土大量陶器、骨器、石器以外，尚发现大量带有榫卯的木构件，以及栽入地下的桩木（图11）。根据遗址地势湿，居住范围内没有发现坚硬的居住地面，而大量散布着橡子壳、菱角壳、鱼骨、兽骨等食余弃

图11：浙江余姚河姆渡出土的新石器时代木构件

物，遗址地段的桩木附近尚遗存有梁柱构件等情况分析，这处遗址可能为干阑式的建筑。即是说这类建筑在6000年前已出现在我国长江流域了。

穴居是通行于我国北方干旱寒冷地区的一种古老居住方式。最早出现的应该是依靠陡崖土壁挖掘出的横向的水平穴，即横穴。至今在河南、山西、陕西等地通行的窑洞建筑，正是横穴的继承和发展。原始人类为了摆脱横穴必须依靠陡崖才能挖掘的局限，开始在平地上经营竖穴，向地下挖深数尺，口小底大，形如袋状，又称"袋穴"，穴上口以树枝编织成顶盖以御风雨（图12），实为没有独立墙体的空间。由于出入不便和地面比较潮湿等原因，竖穴逐渐变浅，成为具有明显屋顶的有半截墙体的半穴居，最后演变成为完全建立在地面上，具有台基、墙壁、屋顶形式的房屋。

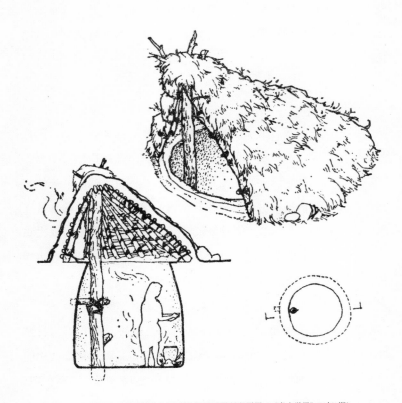

图12：河南偃师汤泉沟新石器时期穴居遗址复原图（《考古学报》75年1期）

结合具体的地理环境，穴居、巢居这两种原始居住形式分别是我国北方、南方的地区形式，并有着各自的结构和构造方法。由穴居演进而形成的屋架构造多用绑扎方法，并据此发展成为通行于北方的柱梁顶托、层梁叠置的抬梁式结构形式；而由巢居演变形成的建筑，除在个别竹构房屋中使用绑扎方法外，大部木构已经使用简单榫卯技术，并演进成为通行于南方各地的穿斗式结构形式。

半坡遗址

原始社会的穴居遗址在黄河流域的山东、河南、山西、陕西等省皆有发现，横穴遗址至今仅发现数处，分布在山西、宁夏、甘肃等地，皆已残破。原因是这类穴居往往因黄土塌陷而破坏了穴形，无法辨认出其顶部构造，估计为券顶，加上简单的木柱支承。已发现的穴居遗址，绝大部分为竖穴，深约2~3米，底大口小，呈袋状。这些遗址多为单个或数个洞穴的组群。从遗址内容构成上看，还不具备居民点的规模，即原始社会初期尚无长期固定居住地。

首先发现的完整的原始社会居民点当属陕西西安半坡村遗址。这是一处由半穴居和地面房屋组成的新石器时代仰韶文化的居住遗址。东西最宽处约190米，南北最长处约300米，总面积5万余平方米。它选择在浐河东岸的台地上，既便于取水，又免受洪水泛滥的冲击。居住地点有明确的三个分区：居住、陶窑制作和墓葬。居住区约占3万平方米，从已发掘的居住区内发现了四十余座方形或圆形的建筑，边长或直径约4米左右，安排有序。在这个居住区的中心部分，有一座规模相当大的方形房屋，平面尺寸为12.5米×14米，内部有四根立柱支撑屋顶，并划分出几个小室（图13、图14）。据民族学材料推测，小房子为母系社会的成年妇女过对偶生活的住房，而大房子为氏族首领及氏族内部老、幼、病、残成员的住所，兼作全部氏族的会议、庆祝及祭祀活动的场所。小房子的门都朝向大房子，可见其间活动联系之紧密。居住区周围有5~6米宽深的壕沟围绕，临居住区一侧的沟壁较为陡峻，显然是为了防御猛兽对居民的侵袭而采取的应对措

图13：陕西西安半坡遗址大方房子

图14：陕西西安半坡遗址大方房子复原图

施。在北面的壕沟上有桥梁设置。居住区内和沟外尚分布着一些窖穴，是氏族的公共仓库。居住区沟外的北边是公共墓地，东边是陶窑制作区。

半坡遗址的建筑布局充分反映出原始氏族社会的社会结构，即共同生产劳动，共同生活，没有私人的窖穴和储藏物，在氏族首领的组织下，大家生活在一起，死后埋在一块公共的墓地里。这也表明当时已经存在一定的宗教信仰，相信灵魂不死，企望在死后仍能长期团聚。

半坡遗址的建筑残存反映出了原始社会建筑技术所达到的水平。利用磨制出的石斧、石锛、石凿等工具，人们已可采伐加工直径达45厘米的巨大木材，但大量使用的仍是20厘米直径的材料。利用搭接和绑扎方法，可以构造出两面坡或攒尖式的圆顶或方顶。某些地面上房屋的墙壁是利用小木条编织成木骨，两面抹泥，形成木骨泥墙。屋面是用抹平压实过的草拌泥作为防水面层，个别房屋并在屋顶上开有采光、出烟的天窗。地面用草泥铺平压实。房屋中间设有火塘，作为加工食物及取暖之用。

姜寨遗址

20世纪70年代，在陕西临潼附近的姜寨村发现了一处仰韶文化居住遗址，总面积达2.5万平方米。在已发掘的1.7万平方米中，已显露出房屋基址一百余座及大量窖穴、墓葬等，它所反映出的原始村落面貌比半坡遗址更为典型（图15）。整个居住区的北、东、南三面被一条壕沟包围着，西南有一条河流。壕沟的东边及南边是集中的墓葬区。陶窑有四座，分布在西部河流岸边，形成窑场区，与居住区分离。居住区内四面都分布着许多大、中、小型房屋。更为有趣的是，居住区内东、西、南、北四个方面的房屋的门口均朝向居住区中心开设。中心保留了一块近1400平方米的广场，还有两片可能是作为牲畜夜宿场的地方。所有的房屋都是住人的，室内都有灶坑。大部分房屋为半地穴式，少数是平地起建的，建筑技术、质量彼此近似。小型房屋面积约15平方米，有方形与圆形两种，可住3~4人。中型房屋可住6~8人。大型房屋全村一共有5座，每座面积约为80~120平方米，可住20~30人。分

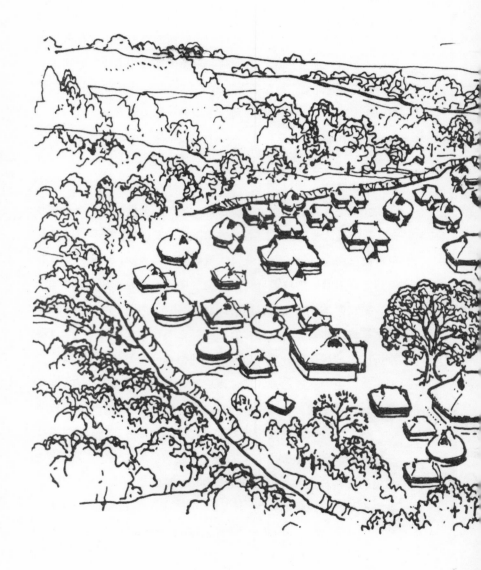

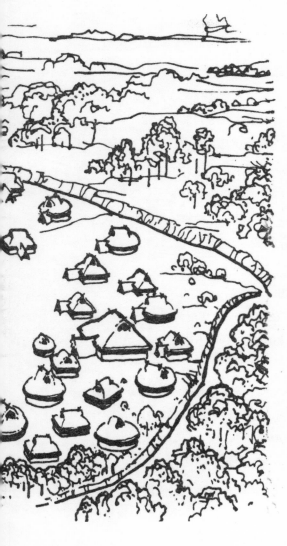

析房屋布局状况，可明显地划分为五个组群，每群以一座大房子为中心，周围布置若干中小型房子。

根据民族学材料分析，姜寨村落中的大中小型房屋是有不同功用的住宅建筑。小型房屋是母系社会中一个家族里成年女子过对偶生活的住房，这样的家庭仅仅是一个生活单位，不是独立的生产单位，只保存有少量配给的储粮，因此没有独用的窖穴。中型房屋是供一个家族使用的，族长是女性，带领着老人、未成年的幼儿居住在一起，屋内除有灶坑以外，尚有一定面积作

图15：陕西临潼姜寨遗址复原图

为会议和举行仪式的地方。睡觉的床位往往分成左右两半，分布在入口两侧，可能是因男女分睡的要求而设置的。在家族中，供对偶家庭使用的小房子都围绕着家族房子布置。大型房屋是供氏族使用的，在这里不仅床位面积较大，而且在床位后面有较大的空地，供举行集会、议事、庆祝活动之用。根据上述分析，证明姜寨原始社会遗址是一座有5个氏族聚居的村落。结合着陶窑、畜栏、窖穴、墓地的分布情况，可知在原始社会土地耕作、家畜饲养、制陶等生产活动等统由氏族掌握，产品的最初分配也是由氏族决定。粮食的储藏分别由家族负责。成员死后聚葬在氏族的集中墓地里，继续过着另一世界的集体生活。

建筑布置形式反映社会生活特点

　　半坡和姜寨遗址所反映的建筑布置情况，对于已经步入文明社会的现代居民来说会感到陌生，甚至不十分理解，这是因为依据今天的社会生活已经产生了新的居住建筑形式。但是由于社会发展的不平衡，世界上某些尚保持着氏族制度的地区或民族，为了强调血缘的联系，加强集体的防御手段，那里的住房往往依然遗存有原始社会的建筑布置特点。例如北美大草原印第安人的营帐、澳洲土人的村落、非洲富尔贝族的居住点，等等，都是像姜寨遗址一样围成圆圈形或者是半圆形、方形，周围有土墙或栅栏围绕，中间有广场、畜栏等，有时还有一些公共性的建筑物。

在我国福建省南部永定、龙岩一带居住的客家族居民，虽然早已摆脱了原始社会生产方式，但由于他们是从外地迁入福建的，是侨居的客户，故长期以来聚族而居。他们的住宅即建成一个圆形（或方形）的大堡垒，全族人住在里面（图16）。大者直径达70米，三圈环形房屋相套，多达300余间房屋。外圈房屋高4层，底层为厨房杂用，二层储粮，三层以上住人。中央建造祠堂，为族人议事、举办婚丧典礼之处。这个例子也说明这种封闭的圆形建筑布置形式是为了维持家族血缘联系，共同防御外人侵袭的社会生活目的而产生的。

图16：福建南靖梅林乡坎下村怀远楼

又如半坡、姜寨遗址中，围绕大房子周围布置的供成年女子过对偶生活的小房子的布局方式，也可以从民族学材料中得到例证。直到解放前尚保留母系氏族制度的云南省宁蒗县永宁区的住房就是一例（图17）。在那里，一个母系家族住着一所单独的院落，其中大房间（主室）一间，小房间（客房）若干间。主室住着家长、老年人和未婚的青少年，中央以火塘为界，左右立两根柱子，以男左女右之序分别为男女青年举行进入成年期的仪式，此外，全家举行会议及宗教仪式也在主室。客房分配给正过着婚姻生活的妇女，作为晚上接待男朋友的居室，室内仅有火塘一口，作为取暖之用。这种奇怪的住宅正是原始社会家族形态的反映。

长期以来中国奉行的宗族体制，鼓励数世同居，形成巨大的家庭组合，家庭经济由家长掌握，家庭成员生活统一安排。为了适应这种状况，其住宅设计成行列式的、集体吃住、男女

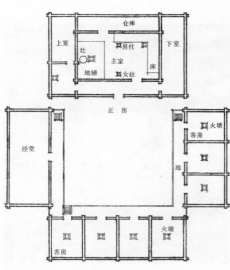

图17：云南宁蒗永宁区摩梭人住宅平面图

分行的模式，如同兵营一般（图18）。这种状况也是家庭生活状态的反映。

　　通过研究早已消亡的原始社会状况，历史学家不仅从考古学的发展中获得了大批实证材料，同时也可以从民族学研究中发现不少旁证材料。考古学和民族学成为解开原始社会之谜的两把钥匙，建筑的历史发展也不例外。

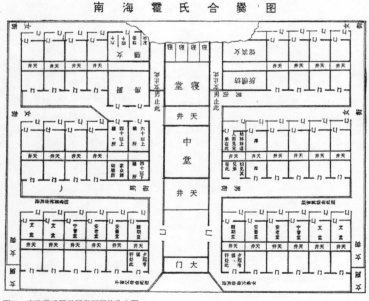

图18：南海霍氏四世同堂而居的住宅图

宫殿与陵墓是奴隶社会中诞生的两类重要建筑。二里头遗址为夏代晚期，除拥有宫室、墓葬外，廊院也是其重要特色之一。殷墟遗址为商代，在此发掘出了规模极为宏大的王室、贵族墓葬。在这个时期内，建筑技术取得了长足进步，城墙、台基、木构、桥梁等已然成形。人们集居的城市内部已有了功能的分区。

3

二里头及殷墟

二里头

中国的奴隶社会一般认为始于夏代,按《竹书纪年》记载,夏王期历经十四世十七王,统治中原四百余年(前2070年—前1600年)。活动范围包括今日的晋西南及豫北地区。从都城及宫殿的建造及墓葬祭祀状况分析,夏代已进入阶级社会是可信的。考古学家们正在努力搜寻夏代的遗址,企望用实物来探索夏文化的面貌,目前这项探测工作虽有一定的进展,但尚无更多的完整实例发现。原因是夏代是继原始社会之后的转型时期,其生产技术尚处于石器时代,其建筑文化与原始社会晚期的龙山文化有相似之处,故其遗存很难确指。夏代以后的商代已进入青铜时代,建筑技术有很大的进步,规模较大的遗址较易于发现,因此一些具有显著奴隶制时代特点的建筑遗迹显露出来。为了满足作为首次出现的剥削阶级——奴隶主阶级的统治需要,一些新的建筑类型出现了,宫殿与陵墓是其中较为突出的两类建筑,分别代表奴隶主的生前要求和死后欲望。

夏代一般平民的建筑与新石器时代建筑类似,特点不突出。有幸的是1959年在河南偃师县二里头村发现一处夏代晚期的都邑遗址,遗址范围近2平方公里,出土了大量石器、骨器、陶器、玉器、蚌器及铜器。有的专家认为此遗址即为夏人第二次迁都的"斟寻"。遗址中部还发现两组大型宫室建筑遗址,分别为1号宫室及2号宫室。1号宫室遗址由门屋、行廊、广庭及主殿组成。整座宫殿坐落在一座高约80厘米的方形夯土台基上，台基东西108米，南北纵深101米，占地约1万平方米。遗址周围有廊庑围绕，有些是朝向内院的单面廊，有些是朝向内外两面的双面复廊。南部廊庑中间设置一座七开间的穿堂式大门，廊庑与大门共同圈成封闭的中庭。中庭面积达5000平方米，可举行大型集会。中庭北部居中有一座单独建筑，据柱网分布可知为面阔八间计30.4米，进深三间计11.4米，坐北朝南的一座木构大建筑。房间内是否还有立柱尚不清楚。在檐柱之外尚有较细的柱洞，专家分析可能是承托出檐的擎檐柱，也可能是建筑台明的构造柱。它的屋顶形

图19：河南偃师二里头早商宫殿复原图

式可能是四坡屋顶，茅草覆盖的草顶屋面。它是这组建筑中的主要殿堂。气势雄伟，可称是国内发现的最早的一座宫殿遗址（图19、图20）。

1978年对该遗址的进一步发掘，继之发现了2号宫室遗址。遗址总平面呈矩形，南北长72.8米，东西宽58米。周围有廊屋围绕，东西为单廊，南面为复廊，北部为夯土厚墙，围合成中部广庭。南廊中部为门屋，面阔三间，一明两暗，墙壁为木骨泥墙，前后有廊柱，建筑构造明显。庭院中部偏北处有一宫室，东西九间，南北三间，廊柱之内有一圈木骨泥墙，分成三个房间，中间为过

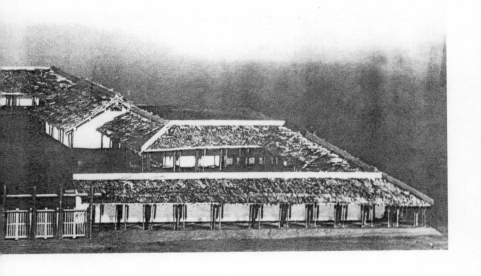

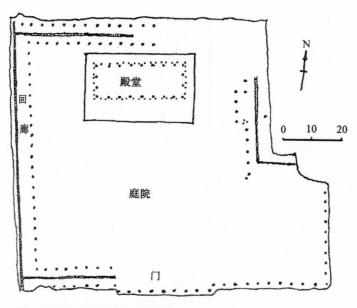

图20：河南偃师二里头夏代晚期一号宫殿遗址平面图

厅，两侧为居室。并在宫室之后发现一座大型墓葬。庭院东廊下有两处陶制排水管道，以排除院内积水。院内主体建筑体量较小，柱径较细，仅20厘米左右，同时院内又发现墓葬，故此遗址可能为祭祀建筑（图21）。从其建筑总体布局来看，已充分表现出夏代廊院式宫室的特点。

类似夏代宫室建筑的商代宫殿遗址，在湖北黄陂县盘龙城也发现了一座，这是商代中期一个方国统治者的驻地。城址近方

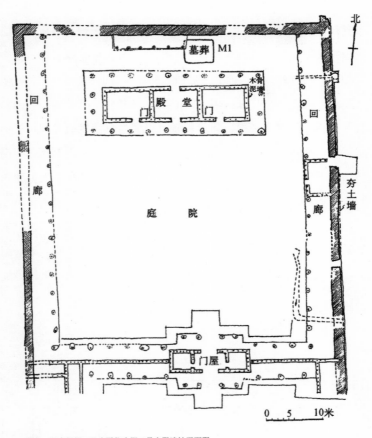

图21：河南偃师二里头夏代晚期二号宫殿遗址平面图

形，东西240米，南北290米，四面有城门。在城内东北高地上，
有一组宫廷建筑群基址，一共有三座建筑，以南北为轴，平行地

布置在高约1米的高台上。按古代"前堂后寝"之制，最后一座建筑应是寝殿。该殿共分四室，一列排开，由木骨泥墙围成，四室之外有一圈柱列，形成前后左右四面外廊，总面积约为480平方米（38.9米×12.3米），是一座相当庞大的建筑物。其前后檐柱的数目并不相等，南面20根，北面17根，说明当时屋盖的横列构架尚未形成，搭接比较自由（图22）。此外，商代宫殿建筑在郑州商城遗址及安阳小屯殷墟遗址也有发现，证实了奴隶社会大型建筑构造的基本模式。

而南方各处方国的宫室实例较少，但在四川成都十二桥村发现的商代早期木构建筑遗址中，出现了长约1米的桩木，下端削尖，打入地下作为桩基，上面建房。大型建筑则在地坪上铺设地

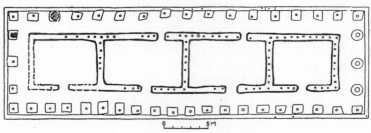

图22：湖北黄陂盘龙城商代宫殿遗址平面图

梁（地栿），梁上立柱建屋。说明各地因气候地质条体不同，建屋的方法也各异。

殷墟

据史书记载，公元前14世纪时商王盘庚迁都于殷，并在此建都达270年之久，殷都即在今河南安阳小屯村一带。1949年以前考古工作者即在此进行发掘，新中国成立后又进行了多次系统的发掘，在洹河两岸十余里范围内发现了大量宫室、庙宇、坟墓、住宅、窖穴等遗迹。数十处宫室建筑群位于小屯村中心，多呈矩形或"凹"字形，面积大者达400平方米（40米×10米），朝向都是坐北朝南，并都建立在夯土台基上。各建筑间的布置有一定规律，一般成组排列，围成院落。在宫室建筑基址下面埋有殉人和牲畜，作为奠基的祭物。

殷墟范围内除了住宅、作坊场地外，尤以王室和贵族的墓葬最为宏大。武官村发现的大墓深入地下达7米，为土坑木椁式墓室，整个墓室面积达170平方米。其中木椁面积为30平方米（6米×5米），全由大木材以井干方式垒成，椁底还平铺了30根枋木。墓室上部有殉人骨架34具及大量兽骨、铜器、木器、钟磬等物，尽穷奢极侈之能事。另在侯家庄发掘出一座据认是商王的陵墓，深入地下15米，墓室四面各开一条墓道，形成"亚"字形平面，墓室面积为330平方米，加上墓道面积达1800平方米，是已知最大的土坑式墓穴。奴隶制时代统治者墓葬规模之巨大，常使人迷惑不解，正如世人见到埃及金字塔时的心情。从死后墓葬的奢靡程度，也可以想象到奴隶主生前的宫室坛庙建筑，一定也是相当豪华可观的。

廊院

我国古代建筑传统特点之一即是院落布局方式。提起院落式，大家惯常联想到北京四合院以及各地以房屋围成院落的建筑形式，实际上古代还盛行着另一种院落形式——廊院，即以廊子围成院落，院落之中建造主体建筑，这种廊院的历史甚至比四合院式还要早。二里头夏代晚期宫殿遗址可算是这种形式的最早例证。

汉代建筑依然采用廊院制度，例如从河北安平汉墓墓室中一幅地主庄园的壁画可以看出，汉代大住宅也是由数个廊院组合而成的（图23）。甘肃敦煌壁画中所表现的北朝至隋唐的佛教寺院图像，大都是廊院形式。唐代大寺院中的廊院众多，分为中院与别院。中院布置佛殿、佛塔、讲堂、经藏等主要建筑；别院则有各种内容，如供佛的佛殿院、供养帝王影像的圣容院、供养高僧的影堂院、居住用的僧房院、医方院、库院等。据记载，著名的西安大雁塔的所在地——唐代的慈恩寺，盛时曾有十余院，1800余间，有太平院、元果院、浴室院、翻经院等，雁塔即在寺的西

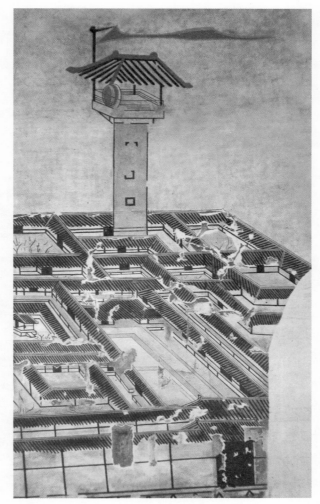

图23：河北安平汉墓壁画

院。长安西明寺有10院，扶风法门寺有24院。唐代律宗大师撰写的《戒坛图经》中描写的律宗寺院的别院达40余所（图24）。一直到明代，廊院制式的寺院仍然盛行。如洪武初年所建的太原大崇善寺仍采用廊院式，规模宏大，布局谨严，除中间三进主院以外，两侧又配以16座别院，寺院对面尚有五座小院，可谓重门叠院，气象万千（图25）。受我国佛教建筑影响而建造的日本奈良

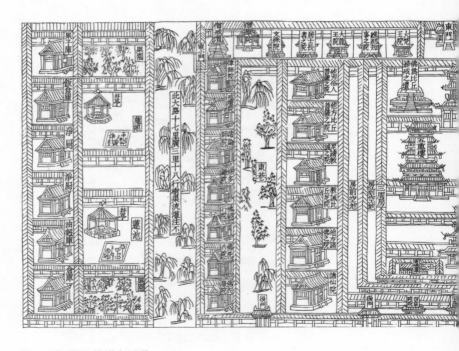

图24：《戒坛图经》所示律宗寺院图

法隆寺，也是一座典型的廊院制建筑。周围有空廊环绕，南廊中间为中三门，北廊中部为讲堂，院子中间并列两座主体建筑，左为金堂，右为五重塔。

　　根据资料分析，历史上的廊院建筑有多种布局形式。一般情况是将主体建筑置于院落中央，如衙署中间为正厅建筑，寺院就是佛塔。某种情况下，有的建筑会将佛堂与佛塔并列置于院中或

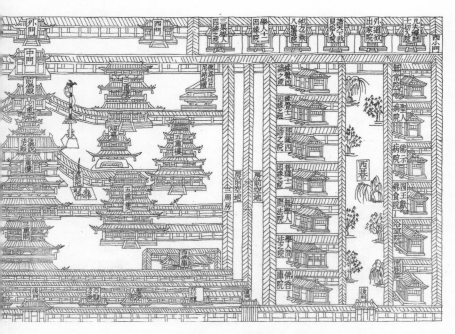

〈戒壇圖經〉所示律宗寺院圖

图25：山西太原崇善寺复原图

将堂、塔前后布置在院中。某些小型房屋的廊院（如住宅）则将正房布置在北廊中央，廊院中间不布置房屋（图26）。我国建筑发展后期，为了增加院落中的使用面积，廊院形式逐步被四合院房屋所

图26：山东沂南汉代画像石墓石刻祠堂图

代替。但在某些实例中尚可看出廊院制的痕迹。如北京故宫三大殿组群实际上就是廊院，不过周廊不是空廊，而变成联檐通脊的廊庑及门阁（图27）。由于在太和殿、保和殿左右增设了隔墙，分隔开了统一的廊院空间，使人感觉不出三大殿是位于廊院的中央。

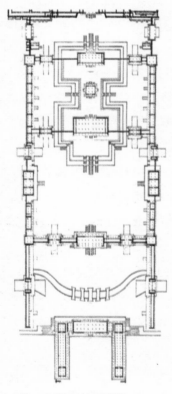

图27：北京故宫三大殿平面图

夯土、栽柱与纵架

奴隶社会的建筑与原始社会对比，在技术上取得了相当的进步，具体的构造做法具有明显的时代特色。首先提到的应该是夯土技术，人们应用它建造了城墙、台基、坟墓以及部分墙壁。它与土坯砖是人类最早利用黄土为建造房屋服务的两个途径。初期夯土技术比较简单，夯层不太均匀，一般约10厘米厚，较现代夯层为薄。夯窝约5厘米，呈半球形，可能是用木棒形夯杆夯筑的，有时夯层中还铺垫有鹅卵石。奴隶们利用这样简单的技术，在偃师二里头夏代宫殿基址中，夯筑了达2万立方米的台基，在郑州商城夯筑了七千余米的城墙（图28）。在郑州商城住宅基址上还发现了版筑的墙基，每一版长为133厘米，高为43厘米。当时不见得用木板作模具，也可用圆木杆垒叠进行夯制，现在农村中也常用此法。应该说夯土技术在这个时期已经基本成熟，并由此一直沿用了数千年，至今应用三七灰土夯制的基础仍是一般工程常用的基础形式。农村住宅中用夯土做屋壁或院墙者更为习见，在青砖没有广泛应用以前，夯土是古代建筑构成壁体的主要施工方法。历代城镇（包括都城在内）的城墙都是夯土墙，一直持续到元代，明代以后才改为包砖城墙。

这个时期建筑中木柱的稳定方法亦有特点。今天看到的古建筑木柱多是托在台基面的柱顶石表面，木柱的稳定是依靠

图28：河南郑州商城城墙遗址

屋架及檩椽的整体连接的。而早期建筑木柱是栽埋在夯土台基中，埋深约50~200厘米，柱底铺垫一块或数块卵石，以防柱身下沉，即使没有搭放屋架，柱身也可直立在台基上，称之为栽埋柱。从二里头、盘龙城、郑州商城、殷墟等处遗址以及陕西岐山的西周遗址都可发现类似情况，这种方法一直沿用到汉代。日本古建筑也应用这种栽柱方法，称为"掘立柱"。为了增强柱身在土中的稳固性，在柱根部又钉上十字交插的木条，以免柱身上部摆动。从栽柱的应用也可反映出当时房屋构架的整体性尚不够完善，中国的木构架体系是经过若干阶段的改进才逐渐完备起来的。

这个时期的建筑中，柱子的排列方式也有耐人寻味之处，即有些建筑的柱网排列在纵向成列而在横向不成排。例如盘龙城宫殿遗址的北面沿面阔方向纵列了17个柱洞，南面却有20个柱洞。按照今天设想一般长方形房屋皆在横向设置屋架，一榀榀架好后再搭檩架椽，铺盖屋面，这就要求前后檐柱对位，才能构制屋面。这种前后柱位不一致的情况在晚期建筑中很少遇到。因此，有些建筑史学者推测这时期建筑结构方式是采用纵架方式（与一榀榀的横向屋架对比而言），即是用梁枋沿纵向将一系列柱子联系在一起形成框架，然后在两列或多列纵架之间架设梁檩，形成屋盖。更早期的夏商建筑多用纵向的木骨泥墙作为辅助的承重结构，对于草顶屋盖是可以负担的。后来的东周、两汉时期的建筑，也利用两面用木架夹持的夯土墙作为承重墙，来负荷屋面重量。目前因限于考古发掘的材料，对纵架的具体构造方式尚难确定，但推测的这种结构方式是可行的。例如西南地区藏族的建筑，其构造之法即沿用着纵架方式，即在纵向的柱头上安设大替木，替木上面搭纵梁，再横向搭密檩，形成平屋盖。并与土墙或石墙结合起来，可灵活地组合各类房屋建筑。

在我国木结构的发展过程中，也存在着两种构架方式交替运用的现象。唐宋以来，木构架方式已经发展为横架构造体系，但在元代，为了改进和扩大使用空间的灵活性，变通地移动平面中柱子的位置，在山西省一带很多的古建筑中应用通长的纵向大额枋的构造方法，这样柱子位置可以改变，也可减少，梁架置于大额枋之上，不受柱位的限制，这实际上也是一种纵架的结构方式。历史的形式有时会重复出现，不过每次都是在新条件下进行了某些改进的新形式，不是旧形式的简单再现。

这时期的建筑技术特点不仅表现在夯土、栽柱与纵架上，集居方式已出现城市，城市内部布局已有功能分区，大型墓葬出现木椁葬制，某些建筑木构件上使用了榫卯构造，比捆绑方式更为先进，建筑物内部的墙壁上出现彩色图案，商代遗址中已有下水的水沟及陶管道，等等，这些措施都具有划时代的意义。但从上述诸点可以体察到，中国古代数千年的建筑历史是在不断发展、演变之中的，任何历史时期都有相应的技术特点，而这些特点将会随着建筑技术发展而逐渐消失，被新的特点所取代。

《考工记》是我国最早的记叙工艺制造的著作，其中列举了应用木、金、革、石、土五种材料及绘染材料的30种手工业工种的生产技术和管理方面的制度规定。其中"匠人"章节记录了工匠的土木营造技术，保留了先秦时期建筑与规划方面的重要资料，其影响一直流传后世。

4

「考工记」

最早的工艺之书

绚丽多彩的中国古代工艺美术品反映出中国文化的璀璨与悠久，在世界文化史中占有重要地位。但工匠的这些神奇技巧，在旧时却为士大夫阶级所不齿，专门记述工艺学方面的书籍为数极少，工匠们只得依靠口传心授传其衣钵，因此不少鬼斧神工的稀世技艺常在动荡不安的社会中失传中断，再也无法探知其奥秘。难能可贵的是，古代尚有一部记叙工艺制造的书籍流传下来，这就是《考工记》。

《考工记》是讲述周代官制的书籍《周礼》的一部分。《周礼》中《冬官》部分主要记述工艺制作方面官制设置的内容，但早已经缺佚。西汉人以《考工记》一书补入《周礼》，以代缺佚的《冬官》一节。据专家分析，《考工记》约成书于春秋战国之交的齐国，是官府手工业生产法规性质的书籍。其中列举了应用木、金、革、石、土五种材料及绘染材料的三十种手工业工种的生产技术和管理方面的制度规定。手工业品的类别包括兵器、运输工具、炊具、食器、量器、乐器、装饰品以及建筑等，从用具角度比较全面地反映出周代社会生活的各个方面以及所达到的工艺水平。例如书中提到的"金有六齐"，即是指铜合金中铜和锡的6种配合比例，不同的合金用以冶铸不同硬度的用具。铸造炊具钟鼎类采用6∶1的铜锡合金比，殷墟发掘出的青铜鼎的合金成分即接近这种比例，可见《考工记》的记述多是实践经验的总结。

《考工记》中"匠人"一段是记录建筑工匠的土木营造技术的。在异常稀少的古代建筑文献中，这是一份弥足珍贵的记述，它保留了先秦时代建筑与规划方面的资料，为今天的研究工作提供了有价值的借鉴。

王城规划制度

《考工记·匠人》中记载："匠人营国，方九里，旁三门，国中九经九纬，经涂九轨，左祖右社，面朝后市，市朝一夫。"这是一段关于周代王城规划布局的叙述，意思是："匠人营建国都，城市布局要九里见方，每一面开设三个城门。城市中有九条南北大道，九条东西大道，每条街道宽度能并行九辆马车，即七十二尺宽。城市要以宫城为中心，按照左边为祖庙、右边为社稷坛、前面是外朝办事之所、后面是市场交易之处的规划要求布置。外朝与市场的面积都是一夫之地，即百步见方这样一块面积（图29）。"

由于周代洛阳王城尚未经过详尽的考古发掘，因此这样的规划方案是否付诸实践，无法确证，但一般学者认为它确实反映出当时的某些规划思想，并非完全臆造。原始人们出于对自然的崇拜及对祖先的敬仰，即"敬天法祖"观念的影响，非常重视宗庙建筑及祭祀建筑，祖庙及社稷坛布置在王城中心，正是强调其地位的重要性。古代帝王主管外朝政务；后妃主管内廷家务，这是原始时代男性主持生产活动、女性主持分配交易的习俗的延续，

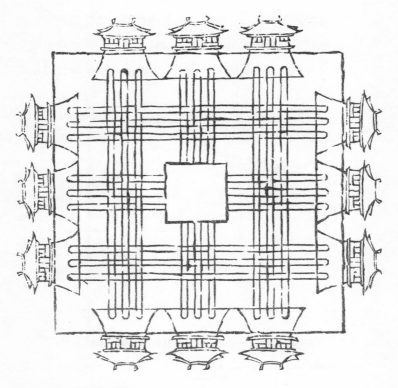

图29：《三礼图》中周代王城图

在王城规划中把外朝置于前、市集置于后，也正是反映古代种族经济管理方式的特点。

随着社会的进步，完全袭用古代城市的规划方案是不现实的，但各代在都城规划中皆在不同程度上吸收了《考工记》中所提出的构思。例如汉代长安城街道宽度仍以轨宽为计量单位，已发掘出的东门宣平门内大道的宽度为12轨（图30）。这种以轨宽确定路宽的办法，一直持续到城市交通被乘马和坐轿所代替以后

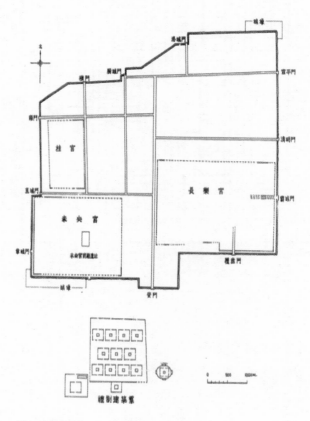

图30：汉长安城图

才改变。隋唐都城规划为《考工记》王城规划中方整如棋盘的街道网布置所吸引（图31），在广达八千余公顷的长安城内，以纵横大街划分出108个坊里，这种棋盘式的规划影响所及甚至远达

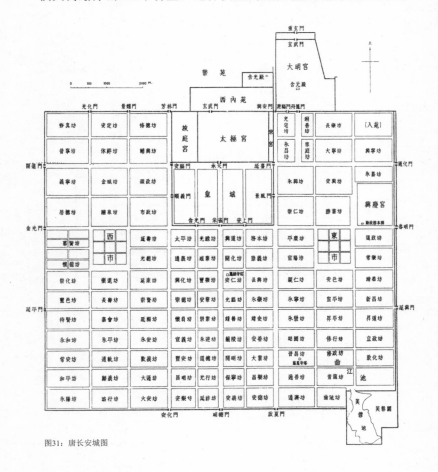

图31：唐长安城图

日本（图32）。元代国都大都城（今北京）的规划更在较大范围
内吸收《考工记》王城规划思想，全城略呈长方形，除北墙外，
每面城墙开辟3座城门，宫城居中在前，后为鼓楼、钟楼及什刹海
一带的集市贸易场所，太庙布置在东面齐化门内（今朝阳门内），
位于宫城之左，社稷坛布置在西面平则门内（今阜成门内），位于
宫城之右，城内街道纵横交汇，方整平直，依照周代王城规划布

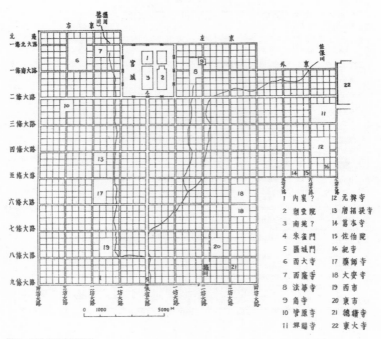

图32：日本平城京平面图

局方式。明代北京城在大都城的基础上进行改造，将太庙、社稷坛迁到宫城前方的天安门两侧，进一步加强全城中轴线的气势。奴隶制时代的王城规划虽已成为过去，但它那规矩严整、轴线对称、布局分明的城市布局所构成的雄浑气派，一直吸引着历代帝王的注意力，并在其都城规划中加以仿效。

世室与明堂

《考工记》中还提出了夏、商、周三代帝王宫殿等重要建筑物的设计方案，由于文意晦涩，很难作出确切的解释，历代经学家、考据家对其注释争论不休，历时长达两千余年。但因为它提出的是三代建筑的模式设想，因此成为后代帝王热衷"法古"的最好材料，长期以来对封建社会的建筑创作产生着深刻而持久的影响。

宗庙是祭祀本族祖先的祠庙建筑，是"敬天法祖"思想的物质体现。例如夏代的宗庙建筑称为"世室"。它的平面长深尺寸为十四步乘十七步半。在台基上按中心四角方式布置五间房屋，每间房屋大小为四步乘四步四和三步乘三步三。四面有四个门八个窗，有九条阶道可登上台基。《考工记》中还提出商代王宫正堂称为"重屋"，是建立在三尺高的台基上，重檐四阿顶，即清代称之为"庑殿顶"的形式。而周代宫殿的主要殿堂称为"明堂"，是建立在九尺高，平面尺寸为八丈一尺乘六丈三尺的台基上。上面建立五间房屋，每间为一丈八尺见方。以上的解释都是汉代儒家的分析，是否符合实际，无从考据。但其中某些设计思想，类如重檐庑殿顶、高台基、中心四角式布置房屋等却反复在历代重要建筑物中采用。

　　建筑考古工作者亦曾依据《考工记》的四阿重屋的记载，推断商代二里头、盘龙城宫殿及陕西岐山周代宗庙的外观形象，可能为重檐庑殿顶。一直发展到封建社会晚期，统治阶级建筑中仍以重檐庑殿顶为最高等级的屋顶，只有宫殿正殿、宗庙、孔庙大成殿等极重要的建筑才能应用。解放后在汉长安的南郊发现了十几处礼制建筑的遗址，经考据认为是西汉末王莽所建立的九座宗庙及明堂、辟雍建筑（图33）。其基本布局是在环形水沟内建一方形院落，院落中有一四方形台榭建筑，在方形夯土台上依中心、四角、四面的方位布置房屋，体形雄伟，对称严整，与传统的纵轴线式的布局迥然不同。这类设计显然是受《考工记》中三代建筑模式的影响。隋炀帝时拟议在洛阳建立明堂，著名建筑家宇文恺研究了历代明堂设计以后，提出了一具模型。其设计是一座方堂，堂内分为五间房屋，上层平面为圆形，四面有四个门，基本上仍是依据《考工记》的记述创制的。唐代武则天时期建筑的明堂也是类似这样的高台基、四方形、四面开门的建筑。"明堂"模式甚至一直影响到明清时代的坛庙建筑。历史上完美的建筑构图形式会在新的条件和要求下被沿用若干年代。

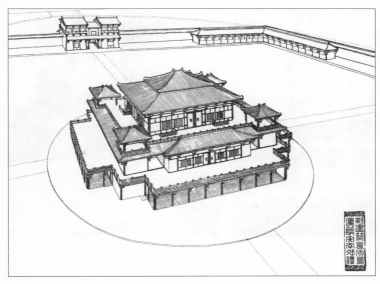

图33：汉长安礼制建筑复原图

早期建筑的施工技术和制度

从《考工记》的记述中可以看出，"匠人"是负责下列工作的：（1）用水测法测量城市用地水平高程；（2）用日影和北极星测定城市建筑物的方向（图34）；（3）规划和建设城市；（4）建造宫室建筑；（5）划分郊甸田亩并建造沟洫；（6）建设仓囷等储藏建筑。从其内容可以看出，当时建筑工作中从规划、设计到施工是统一进行管理的，尚没有严格的分工。"匠人"属"攻木之工七"之一，为木工工种。因在传统建筑构造方式中以

图34：河南登封测景台

　　木工的技术较复杂，是施工的关键，故而长期以来我国建筑工程
中皆以木工为领班负责全面工作。在唐宋时代这种领班木工又称
为"都料匠"，如宋代著名的建筑工匠喻浩即是都料匠。明清时
代有的木工高手甚至被提拔为工部的负责官吏。例如明代香山帮
匠师蒯祥，以首席木工的地位，曾任工部左侍郎（即建筑工程部
副部长）。又如清代长期主持皇家工程的"样式雷"建筑家族，
亦受到历朝的"赏官食俸"的待遇。《考工记·匠人》可以证明
木匠很早就是建筑业的领衔工种。

　　匠人所负责的建筑工作属于官营建筑范围。匠人是专门为王

室及政府服务的建筑工匠。按周代官制为冬官司空所管辖。秦代以后政府专门设置将作少府（有的朝代称将作监）或工部，专营宫廷、官府营造等事务。这种工官制度一直延续了几千年，直到清末才被大量出现的私营包工的营造厂所代替。由政府控制建筑业会导致广大建筑工人的智慧不能充分发挥出来，对建筑的发展有其不利影响；但另一方面，历史上一些规模巨大、用工繁多、技术复杂的大型建筑能在较短的工期内完成，也正是政府干预建筑工程的结果，这是工官制度的积极一面。

从《考工记·匠人》的记述中还可看出，建筑形制在阶级社会一开始即被打上烙印——等级制度。周王王宫的宫门高度、宫城城角高度、王城城角高度都有等级差别，分别为五雉、七雉、九雉（长三丈高一丈为一雉）。而且王城、诸侯城、卿大夫采邑的城制也有等级差别，一般依次减低一级。王城内外的道路宽度也有等级，城内大路九轨宽，环城道路七轨宽，城外道路五轨宽。而且王城、诸侯城、卿大夫采邑的城内外相应道路也有等级差别，同样依次减低一级。在整个封建社会中贯穿于建筑中的等级制度，随着社会发展而愈演愈繁，扩及住宅、坟墓、装饰、用具等各个方面，阻碍了建筑创作的自由发展。除上述内容外，书中还留下一些技术做法论述，如瓦屋面、草屋面的屋顶坡度规定，墙厚及收分规定，土堤高宽的规定等。总之，《考工记·匠人》是反映先秦建筑情况的不可多得的文献。

从先秦到两汉，台榭与宫室成为各国君主享乐与炫耀国力的重要手段。在木结构处于初始阶段、尚不能建造大体量建筑物时，工匠们用土木混合的结构方式来解决多层建筑的问题。随着木结构建筑的日益成熟，楼阁宫殿更多地采用纯木结构制造，呈现出丰富多彩的外貌。

5

高台榭，美宫室

台榭建筑

在先秦文献中多次提到台榭建筑，对它的描写除了华丽奢靡之外，多形容它是多么高，多么大。帝王统治者借助所谓"高台榭，美宫室"以鸣得意。晋灵公造九层之台，经过三年尚未建成；楚国筑"章华台"号称"三休台"，登台时需要休息三次才能到达台顶；秦国也筑有三休台；魏襄王要筑"中天台"，妄想台高要筑到天高的一半；吴王夫差造"姑苏台"，"高达三百丈"，上有馆娃宫、春霄宫、海灵馆，周迴廊庑，横跨五里，这显然不是一座简单的高台，台上有一组庞大的建筑群体。但具体建筑形象一直是个谜，不得其解（图35）。

春秋战国古城遗址中经常错落布置着不少高大的土丘。例如河北易县燕国下都城遗址，城内外共有大小夯土台址50余处，著名的有武阳台、老姆台、路家台等（图36）。齐国都城临淄遗址的西南部现在尚耸立着一座夯土高台，高达14米，当地人称之为"桓公台"。赵国都城邯郸遗址的宫城内亦保留着高台十余座。过去一般认为这些高台是古代陵墓的坟丘，没有引起重视。但经考古发掘，发现其下并无墓葬，而且土台之上及其附近出土不少瓦件、石础、灰皮以及木炭灰烬等，显然是一些建筑遗存。经多方考证，现已确认这些台址即是古代台榭建筑，也就是古代帝王宫室建筑中的一种重要建筑类型。这种建筑的规划布局、建筑布置及结构方式，通过对秦都咸阳城遗址中第一号宫殿遗址的发

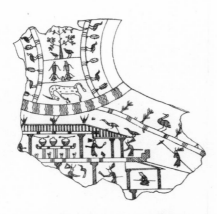

山西長治出土鎏金銅匜

上海博物館藏銅桮

图35：战国铜器纹饰中的台榭建筑

图36：河北易县燕下都老姆台遗址

掘，已经进一步明了。

咸阳宫遗址

秦始皇统一六国后进行了大规模的建设，修驰道，筑长城，建设咸阳城，在渭水两岸建造了不少离宫别馆。《三辅黄图》一书对这些离宫进行了描写，称其"弥山跨谷，辇道相属，木衣绨绣，土被朱紫"，极尽豪华之能事。秦始皇还仿造关东六国宫室的形式，在咸阳北面的高地上建造了不少宫殿。通过这些建筑活动，交流融会了全国各地建筑的经验，可惜这些建筑皆已不存。20世纪70年代在咸阳市发掘了一座台榭建筑遗址，即为秦代咸阳城内一座宫殿，使得古代宫殿建筑面貌再现于世人之前（图37）。

这是一座2700平方米（60米×45米）的长方形夯土台，残高为6米。以夯土台为中心，周围用空间较小的单层木建筑环依在土台四周，逐层收进，上下层叠，形成二三层的金字塔形的建筑群组，外观壮丽，气势恢宏。房间内容有殿堂、过厅、居室、浴室、回廊、仓库、地窖等项。殿堂位于夯土台正中，为两层建筑，地面涂以朱红色颜料。部分房屋中设有火炕、壁炉、地窖等。台榭建筑的各层地面设有排水管道，可将雨水引入附近沟渠之中。有时这种台榭不仅是一幢，而是两幢或多幢，彼此之间以架空的阁道相连，统治者可以不必下台，由阁道中通往其他各处，其外观形象更加雄伟。在木结构技术处于初始阶段，尚不能建造大体量建筑物的时候，匠师们巧妙地采用土木混合的结构方

图37：陕西咸阳秦咸阳宫一号遗址复原立面图

式解决了多层建筑的问题。

　　台榭建筑自先秦盛行以来，一直延续到两汉时代，西汉末年王莽在长安南郊所建的一批礼制建筑仍然采用台榭建筑方式。三国时代曹操在邺城西北角建立著名的铜雀台，其形制亦受到台榭建筑的影响。唐宋以后，木结构技术已经成熟，可是人们对这种层层叠叠、方锥形的建筑外观仍有留恋，因此在风景游览区仍仿照台榭风格建造木制楼阁，如黄鹤楼、滕王阁等，这些建筑一直成为诗人吟咏、画家描绘的对象，脍炙人口。明代北京紫禁城的角楼建筑，它那"九梁十八柱"结构体系、层叠变化的屋顶形式，正是沿袭历史上台榭建筑的脉络发展演变而来的。

楼阁结构形式的进一步发展

　　台榭建筑虽然以土木混合结构方式创造了一代楼阁的宏伟形象，但它终究在结构上具有很大局限，不能适应社会的多种需求。随着木结构技术逐渐成熟，历史上的楼阁进而采用纯木结构形式，呈现出更为多样的外貌。

　　首先出现的可说是重楼式。这种形式起始于战国，在汉代得到普遍的发展。即是由单层构架重叠成楼，利用自重相压挤而保持稳定。平面大多采用方形或矩形，各层柱子不相连属，各成独柱。楼面结构采用井干原理，在方形柱网的柱头上，以枋木互相咬接形成方圈，其上铺列楞木，楞木上有楼板，楼板上安设地栿木，相交成圈，地栿上再立柱以构成第二层。余此上推。上下层间的柱轴可以不对位。因此这类楼阁所表现出的外观形式非常富于变化，汉代的画象砖、画象石中表现的楼阁，以及坟墓中随葬的明器楼阁，都反映出上述构造特点（图38），汉代的阙楼也是类似的构造，体量皆不是很高大。两汉时期尚有利用夯土墙作为

图38：河北阜城出土东汉五层陶楼

楼阁承重墙的例子，但在高度上受到限制，不能普遍应用。汉武帝时在长安西郊建章宫内建立的"高五十丈，辇道相属"的井干楼是另一种结构形式的楼阁。其结构如井上木栏一样，重复交搭方木或圆木，积木而高，故名井干。从构造上讲这是一种可行的方式，但木材用量大，不可能推广。

两汉重楼建筑的各层柱身是不相连贯的，因此整体稳定性不强，至南北朝时代佛教兴盛，要求建造高层的楼阁式木塔，这个矛盾更为突出了。伴随木塔的建造，出现了新的刹柱式结构，即在楼阁中心树立通长到顶的大柱，柱根埋于地基之中，各楼层构架皆与刹柱相固接，保证整体稳定。日本现存的奈良法隆寺五重塔是"飞鸟时代"的建筑，相当于我国隋唐时期，它的建造技术是受中国传统建筑影响的。五重塔构架即是刹柱式，而且也是同时期日本佛塔常用的构架方式（图39）。建立于公元643年（唐贞观十七年）的朝鲜庆州皇龙寺塔，据其遗址可知为平面七开间见方的大塔，柱网中心也立有中心刹柱。我国刹柱式木塔遗构虽已无存，但从文献上仍可追寻出其脉络。据《广弘明集》记载，南朝齐、梁时期在建塔之先，必先立刹柱，刹柱为一巨大的柏木柱，刹下有石为础。延至唐代仍有刹柱之制，如武则天时代建造的明堂是一座巨大的建筑，其中心即有"巨木十围，上下通贯，栭栌撑㭼，借以为本"。唐玄宗时改建明堂，去其上层时，首先要除去其柱心木，更可说明该木为贯通全楼上下的大柱。

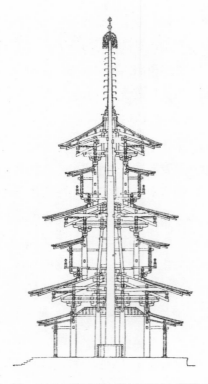

图39：日本奈良药师寺东塔（建于公元730年）剖面图

　　宋代佛教寺院供养的佛像逐步加大，使得刹柱式木塔不仅在室内高度方面不能满足要求，而且中心柱及密密的柱列等都构成对内部使用空间的妨碍。为此，一种中空式的构架形式被创造出来，摆脱了中心柱和密集柱网的束缚。辽代清宁二年（1056年）

建造的应县木塔和统和二年（984年）建造的蓟县独乐寺观音阁，堪称此类形式的优秀实例。这种构架形式用形象的事物比喻，可说成是一个笼屉，每个屉圈即是一个完整的构架，它由内外两圈柱列构成，柱间联以梁枋斗栱，可以独立存在。这些"屉圈"一个个叠置起来，即成为一座高层建筑。每个屉圈上铺板即为楼层，不铺板即成为一中空的大室内空间。平面形状可以是方形、矩形、八角形，也可以每层形状都不同，当然以八角形平面最为合理，每层柱轴可以上下层相对应。这种结构形式对比刹柱式，不但用材节省，使用空间扩大，而且还可以用较短的材料，拼装出大体量的建筑物，这是结构发展中的大进步（图40）。

　　叠圈式楼阁在技术上仍然存在着矛盾。除了构造复杂以外，尚存在两大弱点：一是柱身稳定性差，全楼阁是多柱连接，整体构架的可变性大；二是结构传力需要通过斗栱系统，在斗栱部位减弱了承压能力。在明清时期又创造了一种框架式的楼阁结构形式，这种形式的构架中完全消除了内部斗栱系统，采用了柱、梁、枋直接榫接的方法，整座建筑全部使用一贯到顶的通柱，无论从传力和整体稳定性方面都提高很多，使木构楼阁建筑结构进入了一个新阶段。使用这种构架形式建造的建筑有承德普宁寺大乘阁、安远庙普度殿、须弥福寿庙妙高庄严殿、北京雍和宫万福阁、颐和园佛香阁等一大批殿阁（图41）。

　　从历史上的台榭建筑发展到四种木构楼阁结构形式，说明社

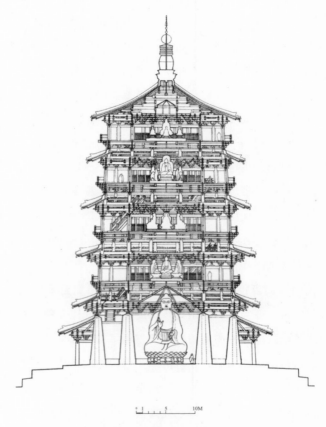

图40：山西应县佛宫寺释迦塔剖面图

会需要推动了技术发展。发展中又产生新矛盾，不断克服矛盾的
过程也就是技术发展的过程，楼阁建筑结构形式正是在高度、空

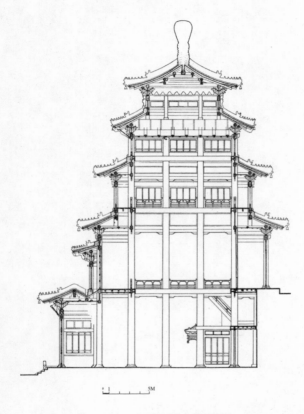

图41：河北承德普宁寺大乘阁剖面图

间等方面的使用要求和用材经济性、构架稳定性的技术水平之间相互矛盾，相互适应的过程中发展起来的。

长城不仅是世界建筑史上"七大奇迹"之一，还是我国建筑工程历史的一部札记。从公元前7世纪到16世纪中叶，长城的建造横跨23个世纪，工程量难以计算，材料也从最初的土筑、木板墙到后期的石墙、砖墙。长城不仅是古代重要的防御工程，也是建筑艺术史上的一块瑰宝。

6

万里长城

历史悠久的工程

我国的万里长城被誉为世界建筑史上的七大奇迹之一，若以工程巨大而论，当为七大奇迹之首。万里长城虽然称作"万里"，但若将历代的长城相加，总长要超过十万里以上，遍布在我国新疆、甘肃、宁夏、内蒙古、陕西、山西、河北等16个省、市、自治区。万里长城不是一条城墙，而是一片城墙。这项规模宏大、气势雄伟的军事防御工程不仅反映出我国古代建筑技术的伟大成就、劳动人民无穷的智慧和高超的技艺，同时也反映出我国建筑工程源远流长的历史（图42）。

图42：北京八达岭长城

由于孟姜女哭长城的民间故事流传甚广，一般人的印象认为长城之修建始自秦始皇，其实在秦王朝以前的几百年就已经开始修建长城了。公元前7世纪的楚国在今天的河南一带修筑了数百里长城，以防御北方诸侯，称为"方城"，至今南阳地区尚有"方城县"的名称。战国时代的"七雄"以及中山国等都在各自的边境上修筑过长城以自保，而靠北边的秦、赵、燕三国为防御匈奴的侵扰，又在北边修筑了长城。公元前221年，秦始皇统一六国，同年派大将蒙恬率军30万北击匈奴，并在秦、赵、燕三国北长城的基础上增筑起一条西起临洮（今甘肃岷县）、东至辽东的万里长城。至今在甘肃临洮县窑店镇的长城坡、渭源县的锹家堡尚有秦长城的遗迹。西汉时期又在秦长城的东西两侧增延，西段延至甘肃敦煌、东段经内蒙古狼山、赤峰达到吉林地区（图43）。东汉时在长城以内设立许多亭堠、障塞等辅助军事工程。

　　南北朝时期的北朝统治者虽然为北方民族，但对柔然、突厥等长城以北的民族并不能完全控制，因此修筑长城仍可起到屏障作用。北魏王朝在赤城（今河北赤城）至五原（今内蒙古乌拉特旗）一线修补增筑了长城两千多里。北齐王朝也曾多次修建，天保元年（555年）修筑居庸关至大同一段长城，一次即征调民夫180万人。此外，在长城内又筑一道城，名曰重城，西起山西偏关，经雁门关、平型关、居庸关至怀柔地区。隋代曾7次修筑长城。隋炀帝大业三年（607年）修长城征发男丁一百余万。唐王朝

图43：甘肃敦煌玉门关附近汉代长城遗存

的国势强盛，经济、军事力量空前发展，其行政管辖所及远达阴山以北地区，因此经唐之世，未曾修筑长城。金代为防蒙古族的袭击，亦曾在东北、内蒙古一带修筑过两道长城。

明代为防止蒙古族残余势力南下侵扰，以及东北女真族势力的扩张，一直对修筑长城非常重视，二百年间工程不断，工程技术也有改进，现今遗存的较完整的长城大部是明代长城。明太祖朱元璋建国第一年（1368年）即派遣大将军徐达修筑了北京近郊居庸关一带的长城。至16世纪中叶，建成了西起嘉峪关，东至鸭绿江，长达6000公里的连绵不断的长城。在某些军事重地还修筑了二至三道城墙。

清代对北方民族采用怀柔的政策，借助宗教力量进行思想统治，辅以军事征服，并取得明显效果。在相当长的时期内，北方民族并没有形成对清朝政府的威胁力量。至此，持续了近23个世纪的长城工程才宣告结束。

构筑雄伟的工程

长城工程到底有多大的工程量，目前还没有准确地算出来。因为历代修建的确切地点不清，工程规制不清，重修复修的次数不清，所以很难确算。近人以明代所修的约6000公里长城为例进行测算，若以这些砖石、土方修筑一道厚1米、高5米的长墙，可环绕地球一周而有余，其工程量之大确实惊人。

从遗存长城的构造情况来看，早期长城多为土筑，此外尚有条石墙、块石墙、砖墙等构造形式。辽东地区还建造有木板墙、柳条墙（又称柳条边）。个别地段因山形水势而构筑防御工事，占据山堑、溪谷等险要之处，稍加平整，即可设防，不一定建墙。甘肃地区砂碛地带的长城，因当地取土困难，采取就地取材的原则，用砂砾土加设芦苇层或柳条层的方法夯筑成墙，每25厘米加一苇层，墙基尚埋设当地盛产的胡杨木的地桩。一些秦汉时期的这种类型的长城至今尚保留完好，可见其十分坚固。

明代制砖量迅猛增加，北京、山西一带重要地段的城墙多为砖石构筑。居庸关至八达岭一段是典型工程实例，一般高8.5米，其底宽6.5米，墙顶宽5.7米，有显著收分。城基以条石砌筑，山地坡度小于25°处城砖、条石与地面呈平行状砌筑；坡度大于25°时砖石则层层水平叠砌。墙顶墁铺城砖，形成宽阔的马道，可五马并骑，十行并进，陡峻处或做成踏步。两侧为1米高的女墙和2米高的垛口。每隔一定距离设立敌台一座，敌台有实心、空心两种，实心敌台又称墙台，只能在顶部瞭望、射击，不能驻守。明中叶抗倭名将戚继光镇守蓟镇时，建议修建名为"空中台"的敌台："跨墙为台，睥睨四达，台高五丈，虚中为三层，台宿百人，铠仗粮糗具备。"这种空心敌台进一步增强了长城的防御能力（图44）。

长城的选址具有很高的科学性。一般墙身走向是沿着山脊布置的。沿脊布置不仅可控制高地，而且便于排水，两面泄洪，可免城墙受地面径流雨水威胁。长城所选山脊两坡多为外陡内缓的地形，外陡则敌人难攻，内缓则供给联络方便。山顶间遇有巨石往往包于墙内，绝不使其孤悬墙外，被敌人利用。跨越涧水则建立水关，多选择在迂回之处，水关两侧并有制高点以为掩护、策应。可见古代军工匠师实地考察，权衡利弊，在城址选择上确实下了一番工夫（图45）。

历史上长城所经历的金戈铁马的争战年代虽已过去，但它那

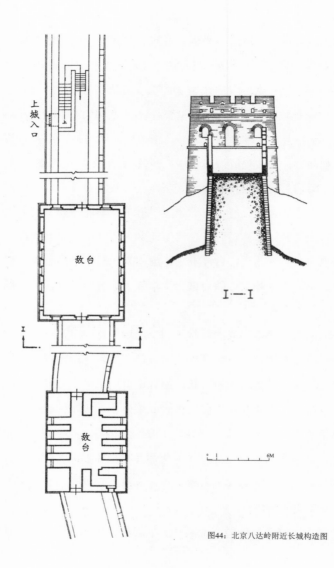

上城入口

敌台

I — I

敌台

图44：北京八达岭附近长城构造图

图45：北京八达岭长城

雄伟的身姿永远是中华民族智慧和毅力的体现。这一点不仅是我国人民的感受，也是见到过长城的世界所有人士的共同感受。早在200年前，英国特使马嘎尔尼由北京赴承德觐见乾隆皇帝，路经长城时就率真地表露出赞叹之词。他说"整个这条城墙一眼望不到边，这样巨大的工程真令人惊心动魄"，"不可想象的困难在于当时他们怎样运送工料到这些几乎无法到达的高山和深谷，并在那里进行建筑，这才令人惊奇和钦佩"。并且他还认为古罗马、古埃及、叙利亚以及亚历山大的后代都曾筑过防御性的城墙防线，"所有这些建筑都被当作人类重大事业而纪念着，但从工程的规模、材料的数量、人工的消耗和建筑地点上的困难来看，所有这些防线加起来也抵不上一个中国长城"，"它的坚固几乎可以同鞑靼区与中国之间的岩石山脉相提并论"。万里长城列入"世界之最"的行列是当之无愧的。

综合防卫的工程

长城从一开始就不是单纯的一道城墙，而是一组相互配合的军事构筑物群。汉代在建造长城时，同时在沿线设置了许多戍所和烽火台，并且在军事建制上形成一套"烽燧"制度。据甘肃居延地区发现的汉代木简的记载，制度规定"五里一燧，十里一墩，三十里一堡，百里一城"。燧和墩都是在敌人入侵时燃放烟火的地方，以传递敌情。城堡是屯戍卫卒的地方，敌人进攻时可据城固守，也可策应支援其他沿线地方。烟墩往往设在城墙之外、高山之顶或平地转折之处。墩上有数间小屋可以住人，报警时白天燃烟，晚上举火。这种方法一直延续到明代，不过明代长城戍卒燃烟时不仅用柴草或狼粪，而且加用硫磺和硝石，使烟气更为浓重。放烟时还要鸣炮，规定敌人为百余人时举放一烟一炮；五百人时举放两烟两炮；千人以上为三烟三炮；万人以上为五烟五炮。在古代社会，这种方法不失为快速的通讯手段。在山西一带，长城的若干烽墩之间还设有总台一座，台周有围墙环绕，可驻守若干士兵，成为长城的前哨据点。此外另有一种墩台不作通讯之用，而是起防守作用，一般建在长城附近，与城墙互为掎角之势。墩台、城障还备有其他防御措施，汉代城台射孔上设计有"转射"，即一种木制立置的转轴，轴上有射孔，可以转动，用以射击各方向的来敌而不暴露自己。城台脚下有竹木栅或木砦（图46），以防敌人冲刺，明代多用矮土墙来代替木栅。长城有了这些墩台设施配合，使防御作用引申到纵深方向。

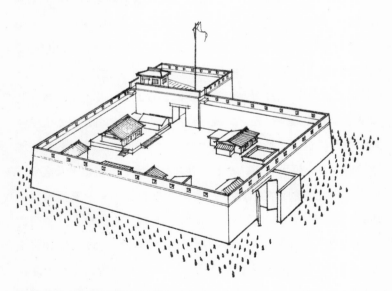

图46：甘肃居延破城子汉代城障遗址复原图

根据军事防御要求，长城的总体布置是有所侧重的，在关键地段会设置两道、三道乃至多道的城墙。明代大同镇的长城外另有一道城墙。北京附近的居庸关长城的内外各增设一道城墙，将25公里长的整条关沟全部包括在重城之内。山西偏头关一带长城多达四道。山西雁门关为大同通往山西腹地的重要交通孔道，因此在关城之外又加筑了大石墙三道、小石墙二十五道之多，还在关北约10公里处的山口建广武营城堡一座以为前哨，防御措施可谓相当严密。凡长城经过的险要山口都设有关隘，设置营堡屯兵，附近多建墩台，重要关口尚沿纵深配置多座营堡。著名的关口除北京附近的居庸关，始、终点的山海关，嘉峪关外，尚有偏头关、宁武关、雁门关、紫荆关、倒马关、杀虎口、古北口、喜峰口等多处。

山海关城倚山临海，形势险要，是东北通向华北的咽喉。长城从北面蜿蜒而下，连接关城，继续南下直入渤海，当地人称伸入海中的墩台为"老龙头"。关城四方形，四面有门及城楼，东西城门外各建罗城一道，东罗城外尚有烟墩、土堡以及威远城，作为面向辽东的前哨阵地。城关南北沿长城还有两座翼城以为辅翼。围绕关城的前后左右四面皆有城堡，故当地人又称山海关城为"五花城"（图47）。嘉峪关城为四方形，约160米见方，南北面设敌楼，东西门设城楼。东西门外皆设瓮城一座，城墙四角设两层的砖角楼，关城之外又包以罗城一道。因罗城

图47：《临榆县志》所载山海关长城关塞图

西面实为长城之尽端，面向通往新疆的要道，故这部分城墙加厚，增建城楼及角楼。

长城的军事意义在今天的科学技术面前已失去昔日的作用，但蜿蜒于层峦叠嶂之间的雄关长墙、矗立于崇山峻岭上的烽堠墩台，此起彼伏，遥相呼应，在建筑艺术上依然给人留下深刻的印象。

方整平直的街道方格网系统堪称我国传统城市规划布置最重要的特色，这一形式来源于里坊制。里坊制及与其相应的闾里制度早在战国时代就已经成形，并一直延续至汉、唐，直到宋代才被街巷制完全替代。里坊制与街巷制不仅是我国古代城市规划的"标配"，还影响到东亚其他国家。

7

里坊与街巷

里坊制

我国传统城市规划布置方案中，以方直平整的街道方格网系统最具有浓厚的东方特色。当然在南方水乡也不乏弯曲幽隐的街巷；西南山区也有不少因山就势、道路迂回的山城，但在我国大部分地区，尤其是黄河流域一带，以方格网街道布局的城市数量最多。

方格网街道的形成主要是受传统的城市规划形制——里坊制，以及与里坊制相对应的城市管理制度——闾里制度的影响。早在战国时代成书的《管子》与《墨子》二书中就提到了这种以"闾里"命名的居住区。从《周礼》一书中可以得知，闾里是国家行政管理组织中的一级组织名称。在周代，天子王城附近区域称为郊区，稍远的地区称为甸区，郊与甸都属王城管辖，称为王畿。郊区中的居民按五家为比、五比为闾的方式组织起来，即是25户人家为一基层单位"闾"。再往上还有族、党、州、乡各级组织。在甸区中的居民也是按五家为邻、五邻为里的方式组织起来，也是25户人家组成一个基层单位"里"，再往上还有酂、鄙、县、遂等。这种行政管理组织与田制、军制、赋税制相互适应。一闾的居民需为国家出兵役25人及战车一辆；一里的居民需为国家出徒兵25人并承担国家军赋。为此，在王畿地区形成的最小城邑单位就是"闾""里"。当然较大的城邑也可以包括较多的闾里。这种闾里制的城邑都设有里垣、里门，内部有十字相交的街或巷。这种闾里制度不仅实行于郊区，也实行于王城城内及大城邑（图48）。闾里制度的规格化要求城市布局规划成为方格网形式最为合理，每一块方格用地面积也要大致相等。每一块封闭式的方格用地称为里或坊，而"闾"的含义则转化为坊门，这就是里坊制的由来。

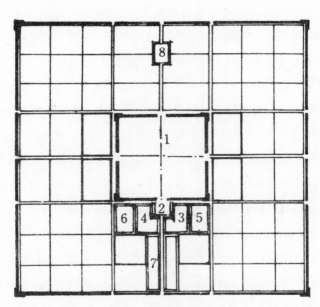

1-宫城；2-外朝；3-宗庙；4-社稷；5-府库；6-厩；
7-官署；8-市

图48：周代王城闾里示意图

每块里坊四周都有封闭的坊墙包围，除大官、贵族的府第以外，居民一律不准沿主街开设门户。夜间关闭坊门实行夜禁制度，傍晚街鼓一停，居民不得上街通行。每个坊内有独立的管理机构，犹如城中之城。也可以说中国古代城市是集合若干个小城而形成的大城。古代城市的社会组织关系虽然在变化，可是以里坊制为核心的方格规划系统却沿用了很长时期。到了清代，虽然里坊制已废而不存，但仍以坊名命名城市各街区。近代城市如天津等地，出现了出租的并列房屋小区，也以"里"来命名，如永寿里、亲仁里等。

从汉长安城到唐长安城

　　春秋战国时期城市居民区划分形式不详，但文献记载是闾里制的。汉代长安城中有闾里160个、8万户居民，知道名称的有宣明、建阳、昌阴、尚冠等八九个区，史称这些闾里内"室居栉比，门巷修直"，可知是规划得比较整齐的居住区。因在长安城中尚布置有未央、长乐、桂宫、北宫、明光等五座大型宫殿，以及武库、市场等建筑，所余的居住用地有限，故推测汉代闾里的规模都是比较小的。也可能有一部分闾里设在内城之外，廓城之内。因汉长安城是逐步建设形成的，官府、民居、宫殿混杂相处，规划分区并不十分明确（参见图30）。

　　三国时代，曹操经营邺城作为国都，他把城北半部划为宫殿、苑囿、衙署及贵族居住区，城南半部为一般平民居住区，划分为严整的坊里，严格区分开统治者与平民的居住地段（图49）。

北魏洛阳城是在汉晋洛阳城的基础上重建的，北倚邙山，南临洛水，地势较平坦。由外廓、内城、宫城三重城垣组成。宫城居中偏北，城内划分有320个里坊，居民有十余万户，有的里坊内居民达两三千户。一般里坊规模为一里见方，四面开门，并在坊内设里正等官吏管理坊内居民。根据城中公共建筑分布情况，

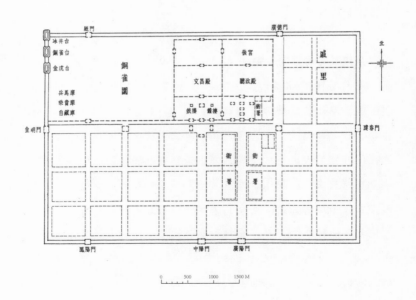

图49：曹魏邺城平面示意图

北魏洛阳城的里坊居民多按从业性质集中居住。如靠近西廓墙的寿丘里是皇子居住区，号称王子坊；近洛阳大市一带有通商里、达货里等手工业或商人居住区；城南四通市附近有白象坊、狮子坊、四夷里等夷（外）商居住区；东阳门内太仓附近有治粟里，为仓库管理人员居住区。

唐代长安城是在隋代大兴城的基础上扩建的，东西9721米，南北8651米，周长36公里，城墙范围内占地8300公顷（83平方公里），这是封建社会中规模最大的城市，也是按里坊制规划的最典型的城市。总体布局中的宫城、衙署、民居三者严格分开，"不复相参"。宫城在城北居中，其南为皇城，设置了中央集权的官府衙门、仓库、禁卫部队等。皇城三面为居住里坊所包围。城区内有南北大街11条，东西大街14条，直角相交，形如棋盘。居住区共划分成108个坊，沿城市中轴线的朱雀大街两侧的坊的面积最小，约30~40公顷，皇城两侧的坊最大，约80~90公顷，其他的里坊为50~60公顷。总的说来，比汉长安、北魏洛阳的里坊面积增大许多。坊里有严格的管理制度，日出开坊门，日落时敲街鼓60下后关坊门。

唐长安城的城市总图中，对市场的位置作了严整的规划，在东西主干道两侧各设一区集中市场，称为东市和西市，各占两坊之地。市中开辟"井"字形街巷，布列120个行业的商店建筑。东市集中为贵族、官僚服务的各种商业，西市集中较多的外国商人店铺（参见图31）。气势雄伟；规划严整的唐长安城对当时东方的城市建设影响很大。当时地处东北地区的渤海国上京龙泉府，日本平城京和平安京的规划布局基本上是仿照长安城的规划建设的。

宋汴梁城的街巷制

里坊制及夜禁制度已经不再适合逐渐演进的封建社会生活，从城市街景来说也极为单调，沿街两侧皆为高大的夯土坊墙与槐树行列，一望无垠，缺少变化。隋唐时期南方一些商业发达的城市——如扬州等地，已经取消了夜禁制度。至北宋建都汴梁城（今河南开封市）时，在城市居住区规划布局上就完全废除了里坊制，而代之以街巷制。汴梁城自五代后周世宗柴荣时期即开始了改建工程，北宋时期又多次进行了扩建，展宽道路，疏浚河道，划定植树地带，取消坊墙，沿街设店，形成人群熙攘的商业街面貌。经营金银交易的行业多聚在宣德门东的潘楼街一带，日用品商业在土市子街、相国寺街及东南角门一带，城内还有些街道的商店通宵营业，形成夜市或晓市，如朱雀门外御街或州桥一带。此外在各条街道上还开设了作坊、仓库、酒楼、戏馆、饮食店、邸店、瓦子（游艺场）等各类商业、服务业场所。在不宽的街道两边密布张灯结彩的商店，这种欢闹的城市景象，在描绘细致的宋画《清明上河图》中生动地表现出来（图50）。

图50：宋画《清明上河图》中的街道

汴梁城的道路网布置与汉唐相比，街道宽度明显变窄，而且密度增大，街巷间距很小。这种现象与城市生活的变化有着密切关系。宋代城内增加了大量城市平民，从事各种手工业和服务业，这种人家户型较小，每户用地占地不多，与汉唐时期城市中居住着大量官僚地主、每户都是占地广阔的深宅大院的情况有所不同。自宋以后，城市中虽然仍保留坊名，但那只作为城市保甲管理的范围标志，各坊之间已经没有墙垣为限了。

元大都的胡同

街巷布局之法在南方水网地区早就实行了，特别是结合城市水系在城市街道系统中布置的一条条水巷，更增加了水乡特色。苏州的居住区规划可称为典型：它的城市道路呈方格形，以通往城门的几条道路为骨干大街，大街之间布置较小的巷道，多为东西方向，另有许多人工开凿的小河与巷道平行布置。许多住宅常常是前门临街，后门沿河。这许多河巷不仅解决了雨水、污水排放问题，而且是重要的交通脉络，自太湖、运河来的船舶可以沿河流、水巷直达居住区内各座住宅门前，补充陆路运输之不足。

元代大都城（今北京）的规划中，将这种多数平行的东西向小街称之为"胡同"。"胡同"的词意有人说是蒙语"浩特"的音转，即人群聚居之处；亦有人说为"火巷"的音转——汴梁城在柴荣改建后，城内增加了许多东西平行的小巷，因其便于救火，故称火巷。但"胡同"一词确切的词源尚待考证。

以胡同为基础的元大都居住区规划是以一个住宅单元用地为规划依据的。据《析津志》载，元大都"大街二十四步阔，小街十二步阔"，另有"三百八十四火巷，二十九衖通"。按此街道等级推算，胡同为六步阔。又按大都街道胡同的一般划分距离，胡同间距为50步，除去6步胡同宽，则住宅用地深度为44步。胡同长度约为10倍住宅用地深度，即440步长。以此折算，一条胡同住宅用地约为80亩。元代规定一般平民住宅用地为8分地，可建一独院的四合院，即一条胡同内可容100户人家。而贵戚、功臣的住宅最多不超过8亩地，这块面积约可建一座前后临街、四进院落、三条纵轴的大型四合院，即一条胡同可布置大型住宅10座。但在实际设置过程中，某些贵族、功臣住宅以及敕建寺庙往往不遵此限，占地纵深达数条胡同，所以遗存至今的明清北京城出现了许多丁字形、曲尺形的胡同或死胡同，破坏了元代规整的布局。封闭里坊制消除后，坊墙坊门也不存在了。明代弘治年间：为维护城内社会治安，便于缉盗，曾在各条胡同口设置栅栏门，晨昏启闭。据《大清会典》记载，清初北京城内城曾有大小栅栏1100余座，外城栅栏440余座。栅顶皆钉有木板书写胡同名称。清末由于商业、服务业的发展，栅栏逐渐废弃，前门外"大栅栏"的名称即是历史的遗迹（图51）。

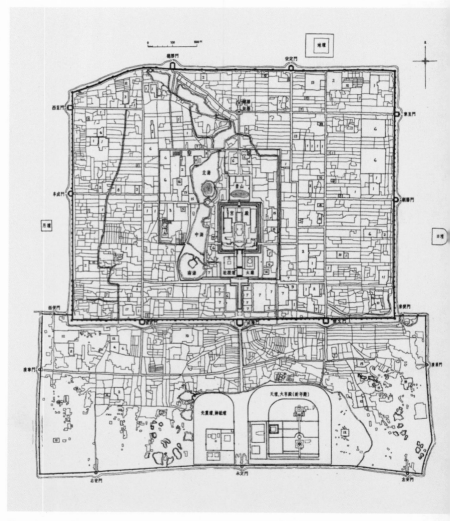

图51：清代北京城图（乾隆时期）

我国近现代城市居住区又有改变。一般沿海商埠为了房户出租的需要，设计建造了一批批联排式的出租住宅，采用一条条平行的胡同方式来布置，并沿用传统的里、坊、巷、弄等名称，但大多数是死胡同。解放以后的新城市进行了大规模的成区成片居住区建设，采用街坊与小区等规划方式，将道路系统融合在居住区规划之中，居住建筑呈现向外开放的面貌，改变了以街道划分居住用地的概念，随着社会的发展，传统的里坊制和街巷制的规划方式已逐步退出历史舞台。

佛教作为各国各地之间的文化传播媒介，在建筑的交流中也起到了不可忽略的作用。我国的石窟、佛塔等建筑形式均由印度传来，而我国的佛寺建筑又深深影响了日本寺院的营建。在古代，国家间的政治、经济交流往往较为困难，而宗教却能打破国界的藩篱，促进文化间的融合与发展。

8

寺塔建筑中所反映的
中印、中日文化交流

石窟寺

古代世界各地区、各国家间文化的传播交融往往受各式各样因素的影响。如马其顿王亚历山大东征印度，将希腊文化传布到东方，形成印度文化中的"希腊风"时期；这是战争的媒介；中国开通丝绸之路，将汉唐文明传入西亚、欧洲，这是经济的媒介；7世纪穆罕默德借助伊斯兰教的传播，将阿拉伯文明传入中亚及非洲，这是宗教的媒介。而在中国古代建筑的发展历史中，佛教作为各地各国间的文化传播媒介，更是显而易见的。有许多实例足以说明此事，石窟寺的开凿即为一例。

石窟寺是在山崖上开凿洞窟供养佛像的一种寺院。在汉代，我国工匠即已掌握了这种凿崖的施工技术，但多用于墓葬工程，河北满城汉中山王刘胜墓即是开凿在山崖中的一个洞窟，长达52米，空间容量为3000立方米。四川广汉、乐山一带在汉代亦曾大量开凿崖墓。东汉时期佛教从印度传入中国后，开凿石窟寺的风气风靡一时，令石窟寺成为一种重要的建筑类型。

石窟制度起源于古代印度的佛教建筑。印度石窟有"支提"窟和"毗诃罗"窟两种。"支提"窟又有"招提""制底""制多"等名称，是梵文译音不同的缘故。这种石窟的形制多为瘦长的马蹄形，周围有一圈柱子，在里端，即马蹄的半圆部分，中央安置一座小型"窣堵坡"（佛塔），作为礼拜信仰的对象。塔前就是集会的场所。因此支提窟可以说是佛教徒的礼拜殿。"毗诃罗"窟又称"僧院"或"精舍",其一般的式样是在石窟中央设一方形或长方形厅堂,围绕厅堂的正、左、右三面开凿许多仅一丈见方的小窟室,作为僧人坐禅之处。这种石窟可说是佛教徒的静修院。公元前2世纪至公元9世纪间,印度北方约开凿了1200余座石窟。其中较著名的有卡尔里石窟及阿旃陀石窟(图52)。这些石窟都为群窟,既有支提窟也有毗诃罗窟。

图52:印度阿旃陀
(ajanta)第26窟入口

石窟寺制度约在公元3世纪传入我国，经由克什米尔、阿富汗一带的大月氏国，在贵霜王朝时传入我国西部的新疆。位于天山南路的库车、拜城一带著名的库木吐喇千佛洞及克孜尔千佛洞即是这个时期开凿的。此后继续东传，东晋时期在甘肃敦煌地区开始开凿举世闻名的艺术宝库——莫高窟（图53）。此后经由陕西，进入山西及我国北方的黄河流域。北魏王朝的石窟寺建造规模

图53：甘肃敦煌石窟第201窟壁画

最为宏大，如山西大同的云冈石窟（图54）、河南洛阳的龙门石窟（图55）、甘肃永靖的炳灵寺石窟、天水的麦积山石窟（图56）、河南巩县石窟、辽宁易县万佛堂石窟都是这个时期

图54：山西大同云冈石窟第十窟前廊

图55：河南洛阳龙门石窟路洞北壁屋形龛石刻

图56：甘肃天水麦积山石窟西崖全貌

开凿的。北齐时期继续开凿的石窟工程计有太原的天龙山石窟、河北邯郸的南北响堂山石窟、山东益都的驼山石窟等。隋唐时期在各主要石窟中续有开凿。我国南部的石窟开凿时间较晚，除南京栖霞山外，云南、四川尚有不少石窟，著名者如四川大足、广元、乐山及云南剑川南诏时期的石窟等。

我国石窟虽肇始于印度，但并不墨守印度形制，而是结合自身情况创制出自己的石窟建筑艺术。我国石窟内皆有佛像及佛塔，按此规制应属于印度"支提"窟形。但详细分析却有较大不同，我国石窟平面多为方形，并且不用列柱，与印度的马蹄形及列柱廊不同；我国石窟内的佛塔多在窟之中央，直接承接窟顶，形成塔柱，加强了窟顶构造，这点也与印度不同；有些石窟四周壁面通雕无数小佛龛，称之为千佛洞或万佛堂，这也是我国石窟艺术的新特色；印度支提窟内有较大面积作为信徒集会之处，而我国石窟多在窟外接建木构建筑作为礼拜之处。可以说中国石窟是在吸取外来文化因素基础上的新创作。至于后来石窟内造像多用泥塑，窟顶雕饰藻井，像后立有扇面墙，窟外有仿木构的廊柱雕刻等，这些多是依据当时一般佛寺的殿堂建筑形貌为蓝本建造的石窟，与印度石窟风格迥异。国内建筑史学家往往通过对石窟形制的研究来了解我国历代木构佛寺的形制。石窟不仅是辉煌的艺术巨构，而且对建筑史的研究也具有重要的史料价值。

塔及喇嘛塔

研究中国古代建筑史的学者经常按形式将我国古代佛塔划分为五类：楼阁式塔，如山西应县木塔；密檐式塔，如西安小雁塔；单层塔，亦称龛庐式塔，如山东历城四门塔；喇嘛塔，即瓶式塔，如北京妙应寺白塔；金刚宝座式塔，如北京五塔寺塔。这些塔型与印度佛教建筑的渊源关系一直是学者们研究的有趣课题。有人认为楼阁式塔为我国传统的楼阁建筑的顶部加上一个印度的墓塔而成。这类墓塔在印度称为"窣堵坡"，其形状为一半球状的实心塔身，上部为一方形宝匣及伞盖状的相轮。窣堵坡与中国楼阁建筑结合以后体量缩小，加高了相轮部分，成为塔顶的结束性装饰构件，称之为"刹"。楼阁式塔的造型是以中国传统建筑为主，适当吸收印度建筑形式而成。有人认为密檐式塔不是中国的传统形式，它是仿照印度婆罗门教的天祠建筑形式建造的。天祠建筑是一种方形平面的高层建筑，上面密密层层地垒砌出许多层檐口，其外形轮廓有缓和曲线，逐渐收杀至顶。与现存的小雁塔造型很是接近。但印度天祠建筑与印度佛教建筑的关系，以及如何东传至中国，现在尚未找到确切的根据与论述。

　　有记载说喇嘛塔的艺术造型是受印度、尼泊尔佛教建筑的影响。这还要从"窣堵坡"说起。窣堵坡即佛祖或圣徒的墓塔，是印度佛教徒的供养对象。目前最大的一个窣堵坡为建于公元前250年的桑契大塔，它的半球形塔身直径达32米，是印度的著名古建筑（图57、图58）。这种窣堵坡式塔传入我国后并没有得到

图57：印度桑契佛塔

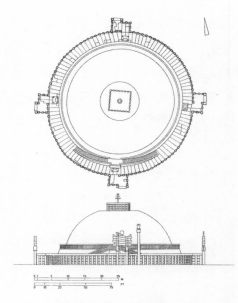

图58：印度桑契佛塔（窣堵坡）结构图

广泛的发展，形成独立的塔型，仅在单层和多层塔的顶部依据其形制作成塔刹，或者个别高僧死后的坟墓作成近似的窣堵坡形。

印度窣堵坡传入尼泊尔以后又增添了当地的民族特色：半球形塔身逐渐变高，并在四面加设了假门，顶上的宝匣及伞盖变成一个高耸的方形13层密檐塔，最上以华盖结束。最典型的例子是加德满都附近的萨拉多拉塔。我国西藏地区佛教在接受印度的密宗佛教及当地的苯教教义形成喇嘛教以后，由于地理上的因素，在佛塔的造型上更多受到尼泊尔窣堵坡式塔的影响，逐渐形成独特的喇嘛塔造型——高高的基座，近圆桶状的塔身，收缩的塔脖子，上接13层环状物，称之为"十三天"，最上覆以华盖。喇嘛塔传入内地也是借助于外国工匠之手，其间还有一段佳话：元代忽必烈统一中国，定喇嘛教为国教，封高僧巴思八为国师，统领全国喇嘛教。一次他在修建西藏某地佛塔时，对尼泊尔年轻匠人阿尼哥的技艺非常欣赏，并把他带回大都城。阿尼哥供职于元朝政府达四十余年之久，总管两京寺观及佛像的建造事宜，并培养出不少技艺高超的匠师。保存至今的北京妙应寺白塔就是他的作品（图59）。明清两代的喇嘛塔虽然在造型上有些变

图59：北京妙应寺白塔

化，但其基本风格仍保持着元代的形制。喇嘛塔的演变与传布事例，清楚地显示出中印、中尼之间文化技艺的交流关系。

金刚宝座塔

北京西直门外动物园北边有一座残毁的明代庙宇，叫做正觉寺。寺内殿宇已不存，唯余一座石构的佛塔。该塔有一高大的方形基座，座上按中心四岔方式布列五座密檐式小塔，故人们习惯称该寺为五塔寺，佛塔称五塔寺塔（图60）。在佛教建筑中，这种类型的塔称为"金刚宝座塔"，是创始于印度的一种塔型。有关正觉寺塔的文献皆称，在明永乐年间，一中印度的僧人携来金刚宝座规式入贡朝廷，明政府"准式建宝座"，建立该塔，故"与中印土宝座无以异也"。说明五塔寺塔的建筑包含着一段中印文化交流的因缘。

图60：北京正觉寺塔（五塔寺塔）

经考察，印度比哈尔邦南部的佛陀伽耶城的大塔与正觉寺塔十分相似，故知所谓"中印度的僧人带来的金刚宝座规式"即是佛陀伽耶塔的形制。佛陀伽耶是印度佛教"四处"（即佛祖释迦牟尼的出生处、成道处、说法处、入灭处）之一。释迦死后，佛教徒为纪念佛祖，分别在上述四处建塔作为供养圣地。相传释迦离家出走，苦行6年，来到佛陀伽耶的一棵菩提树下结跏趺坐，大彻大悟，而成无上正觉。为纪念释迦在此成道，公元前3世纪的阿育王曾围绕菩提树建立一座精舍，后来又历经改建，成为一座在方形高基座上有五塔耸立的佛教纪念物（图61）。传说释迦在菩提树下成道的这块地方与地极相连，为金刚所构成，能经受大震动而不毁，过去及未来诸佛皆于此成道，故称金刚座。在此地所建之塔即称金刚宝座塔。这座五塔高耸的建筑物据说是12~13世纪由缅甸的工匠设计建造的，至今在缅甸的古代建筑遗存中尚有不少这种五塔形制的建筑。

那么，这类五塔的建筑造型在佛教经义上象征着什么含义呢？在佛教世界观中，认为宇宙的中心为一座高山，称须弥山，又称妙高山，高八万由旬，周围为大海所环抱，海中有四大部洲、八小部洲。须弥山上住的是神仙，山顶的主峰周围四隅尚有四小峰，为须弥山守护神金刚手夜叉所居，故以五峰为须弥山代表性特征。金刚宝座塔的造型正是以五峰特征表现佛国天界的须弥山，五塔寺塔高基座的上端石栏往往雕出山形纹饰，据此也可

图61：印度佛陀伽耶塔模型

知其确为象征神山的含义。

金刚宝座塔自明初传入中国以后，陆续在各地建立不少同类佛塔，但各有特点。如云南昆明妙湛寺金刚塔是在高基台上建五座瓶式喇嘛塔，其基台四面作券洞，可以十字对穿，是模仿传统城市鼓楼的形式；呼和浩特市慈灯寺金刚宝座舍利塔，造型虽与正觉寺塔类似，但塔身全部以雕砖作为装饰材料，并配以绿色琉璃瓦檐。北京碧云寺金刚宝座塔的基台上除五座密檐塔以外，又增加了两座喇嘛塔，成为七塔并峙的格局；北京西黄寺清净化城塔是为纪念班禅六世喇嘛而建的，全部为汉白玉石砌筑，中央为瓶式大塔，四隅改为八角塔式经幢，是金刚宝座塔的变体。此外，北京玉泉山静明园的妙高塔、山西五台山圆照寺塔亦为金刚宝座塔，但基台上的五座小塔全为瓶式喇嘛塔。由上可见，古代匠师在吸收外来文化的时候，"师其意、不拘其法"，时刻保持着"推陈出新"的创作精神。

唐招提寺

日本的佛教建筑很早就受到我国的影响，据传其雄略天皇时（公元5世纪）曾有百济（今朝鲜半岛南部）的工人按照中国的规矩制作了一座陶制楼阁，献于天皇。6世纪时更进一步，百济的建筑工人按中国建筑的做法在日本建立一座寺院，名为法兴寺，是为中国建筑输入日本之开端。日本奈良市著名古建筑——法隆寺亦是同时期的建筑，其中有许多木结构设计手法，明显与中国的建筑有着渊源关系。但这个时期中日建筑技术交流活动都是通过朝鲜半岛诸国间接传递的。奈良的唐招提寺是第一个直接把中国本土建筑技术传至日本的实例，鉴真和尚是第一位传人。鉴真东渡弘法是铭刻在中日两国人民心中的一段珍贵历史回忆。

鉴真是扬州人，生于公元688年，幼年出家游学长安与洛阳，后归扬州主持大明寺，是江淮一带知名的高僧。742年，日本天皇遣人聘请鉴真去日本讲学。鉴真欣然同意，率弟子东渡，经过6次试航失败，最后才到达日本，受到朝野僧俗的热烈欢迎。天皇特别遣使慰问，并委托他为全国僧人受戒，礼遇隆重。鉴真传授戒律，建筑佛寺，教育僧徒，在日本生活了10年，于763年死于日本。平城京内的唐招提寺即是他协同弟子们在抵日后首先建造的，作为传布律宗的基地（图62）。招提寺面阔七间，进深四间，单檐庑殿顶。正脊两端的鸱尾状如弯月，柱头上斗栱硕大，叠置双层栱方，室内梁身做成月梁形，天花是棋盘式的平棊顶，窗为直棂窗，是一座典型唐代风格的佛寺大殿，与现存西安大雁塔门楣石刻的唐代佛殿状貌极为近似（图63）。鉴真不但将佛法传布到日本，同时也把中国的建筑技术介绍到日本，对日本佛寺建筑的发展提供了极有价值的参考资料。

图62：日本奈良唐招提寺大殿

图63：陕西西安大雁塔门楣石刻

大佛样

　　"大佛样"是日本对一种佛教建筑式样的称谓。该式样又称"天竺样"，是在12世纪末由日本著名僧人重源从我国南宋引进的建筑式样，与当时流行于日本的"和样"建筑有较大的不同。"大佛样"在日本流行的时间不长，即被日本僧人荣西等人从南宋江浙地区引进的另一建筑式样——"禅宗样"所代替了，但在中日建筑技术交流方面，这是一次很重要的事例。日本建筑界公认的"大佛样"建筑为奈良东大寺的南大门（建于1197年，图64）及兵库县净土寺的净土堂（建于1192年），又因为这种构造形式首先用于东大寺大佛殿的营建，故称之为"大佛样"。这类建筑的特点就是室内不用天花，梁架间用短柱托垫，柱身上多层使用插栱，不设横向的华栱，用方形的椽子，椽头不露明，盖以封檐板，梁头、昂咀皆有雕饰，这些都具有浓厚的中国南方建筑的特色。经专家研究，已经认明该建筑式样是来源于我国南方的福建省，与福建现存的几座宋代建筑，如福州华林寺大殿、莆田玄妙观三清殿、泰宁甘露庵、泉州开元寺仁寿塔等在构造细部上皆有相同之处（图65）。同时也可估计到，要像这样详尽地模仿工作，恐怕不是简单的图样交流所能解决的，很可能在重源三次入宋的时候，聘请了福建工匠去日本指导建造工作。

图64：日本奈良东大寺南大门

图65：福建福州华林寺大殿内檐斗栱

说到此处，我们还可回忆起在雕塑铸造方面的一桩中日文化交流史实：上述提及的东大寺的大佛殿中曾有一尊高达16.2米的铜铸卢舍那佛，8世纪时开始铸造，屡铸屡坏，公元1180年，大佛头部及右手在战火中全部烧毁，无法复原。为此重源和尚特地聘请我国宁波的铸造师陈和卿赴日担任总铸师，领导大佛重修工程。在陈氏兄弟及中国匠师5人、日本匠师14人的努力下，于1182年动工重铸，仅用了7个月时间就补铸修理完毕。可以说奈良东大寺的建筑与塑造工作中都浸润了中国匠师的智慧和技艺。

禅宗样及其他

　　佛教禅宗流派传入日本以后，为了探求适合禅宗宗教活动的寺院式样，许多日本僧人做了不少努力。首先他们从中国寻求参鉴的材料。12世纪，僧人荣西曾多次入宋，并按中国禅院的模样在日本京都地方建造了建仁寺。13世纪又有中国四川的高僧兰溪道隆赴日传法，也按中国禅宗规范建立了建长寺。后来又有宁波人祖元赴日开创了圆觉寺。据文献记载，在建立圆觉寺的过程中，日本曾派工匠去宋朝的径山佛寺参观学习中国佛寺的建筑形制，也有传说曰有中国工匠随同日本工匠一起赴日协助建造该寺。总之，由于中日建筑间的不断交流，至13世纪末在日本形成了另一种佛寺新形式，日本建筑史家称之为"禅宗样"建筑，并保持了一个很长的历史时期。

　　清代旅居日本的华侨日益增多，大多聚居在长崎一带，为了保持自己的佛教信仰，人们大多自己建造佛寺，并聘用中国工匠在国内预制好以后运到日本组装起来。同时也招聘中国僧人去日本担任寺院方丈。这期间著名的事例为福建黄檗山万福寺的主持僧隐元赴日一事。隐元按中国形制在日本建立了一座同名的寺院，对日本近代佛教建筑发展很有影响。在那时闭塞的社会里，政治、经济方面的国际交流关系往往受到社会条件的制约，而在宗教信仰方面却能打破国界的局限进行交流传递，同时促进文化方面的融会与发展。

尽管我国古代建筑以木构为主，但以砖石为材料的拱券结构也有着极其广泛的应用，特别是在桥梁及防火要求高的地面建筑上。中国拱券结构随着建筑技术与建筑材料的进步逐渐发展成熟，在技术、艺术上都具备极高的水准。

9

赵州桥与拱券结构

赵州桥

歌谣《小放牛》中有几句脍炙人口的词句："赵州桥，鲁班爷修，玉石栏杆圣人留，张果老骑驴桥上走，柴王爷推车轧了一道沟……"这座赵州桥就是建于隋大业年间（605—617年）的赵县安济桥，我国石拱结构的瑰宝，桥梁史上的巨构，河北省四大圣迹之一（图66）。

赵州桥是在名匠李春主持下建造的，坐落在县城南门外5里的洨水之上。桥身是一道雄伟的单孔弧券，跨度达37.37米，券身由28道并列的单券组成。它不仅跨度大，而且选用的是矢高较低的弓形券，券身弧线仅为圆弧的60°角部分，由此推算整个半圆

图66：河北赵县安济桥（大石桥）

弧的跨度达55.4米。为了保证大桥各道券身的稳定，除了在券背砌上一层伏石，增加一道钩石，钩住大券外表面及券间加设联系铁条之外，主要措施是将券身两端基部尺寸加阔，券身中部尺寸减小，形成细腰状态，各道单券自然向中心倾侧而互相压紧。这是一项设计周密、构思巧妙的措施。两端券背之上又增设了两个小圆券，名为空撞券，即唐代名人张嘉贞所作的《安济桥铭》中所描述的"两涯嵌四穴，盖以杀怒水之荡突"的状貌。这种空撞券的处理方法一方面可以防止洪水季节急流对桥身的冲击，一方面可减轻桥身的自重，再者还可形成桥面的缓和曲线，便于车辆行走。空撞券法表现出古代工程设计中所包蕴的科学精神。欧洲直到14世纪才在法国南部塞雷（Ceret）的某座桥梁上使用空撞券法，较安济桥晚了七百余年。

时至今日，赵州桥不仅仍以其优美的艺术造型为人所叹赏，同时在工程意义上继续发挥着作用。在一些农村中我们还会发现不少类似赵州桥式样的公路桥，其中有些不用石材而采用钢筋混凝土建造。

拱券结构

我国古代建筑长期以来以木材作为主要结构材料，因此梁柱式结构（包括简支梁或悬臂梁）应用极为广泛。诚然，这一点与欧洲的砖石建筑体系大量应用拱券结构有所不同。但仔细观察就会发现，我国的拱券结构也有自己发展的源流与成就，杰出的赵州大石桥就是明证。一般来讲，早期的拱券结构多用于地下陵墓建筑，后来才发展到桥梁以及防火要求高的地面建筑上。

为了克服木椁墓室容易朽烂的缺陷，西汉中叶出现了用条砖砌筑的筒券结构墓室（图67）。当时由于胶结材料仅用黄土胶泥，强度低，砌筑用的拱券砖有的做成楔形，有的是带有榫扣的子母砖，以加强拱券内部联系。当实践中认识到拱券砖只承受压力的原理以后，这种加强方式也就不再应用了。

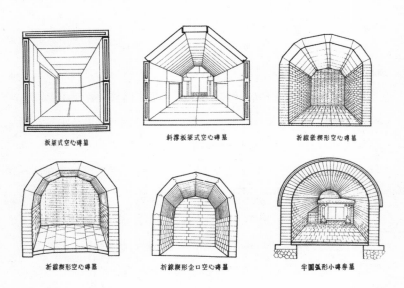

图67：汉墓砖拱券构造图

筒券结构一直是地下墓室的主要结构形式，一直延续到明清时代。在明十三陵的定陵地宫、清东陵裕陵地宫中都可看到修筑得十分精致坚固的筒券结构，两千年来，筒券结构的发展变化表现在矢高加高，跨度加大，改用石灰胶泥，由并列式改进为纵联式砌筑，券上加一道称为"伏"的扁券以加强联系，说明此时对筒拱结构的使用已经很成熟了。自唐宋以来，它也大量被用于砖塔及桥梁。军事上，随着火器的发明，自元代开始，城门洞也由木构架转变为砖砌筒券结构，以防御火攻。明代以后制砖业发达，一些防火要求高的建筑如藏书楼、档案库等也改用砖石筒券建造，一般称之为无梁殿。

与筒券结构并行发展的还有拱壳结构，约产生于公元前1世纪的西汉末期，也是首先用于地下墓室的一种结构。它与筒券的不同点是可以将顶盖的荷载均匀地传布在四面墙壁上，而不是左右两壁。拱壳适用于方形或长方形墓室，地面建筑应用这种结构的实例不多。宋代以后伊斯兰教在我国传布开来，圆拱壳屋顶才在礼拜殿建筑中应用。如杭州的凤凰寺，主殿屋顶即是三个圆拱壳结构。至于新疆的维吾尔族建筑，由于受到中亚的影响，采用土坯发券及砌筑拱券的例子也是很多的（图68）。

拱券结构在建筑上应用虽然不够普遍，但在桥梁上却是主要形式。据记载，在北魏时期即出现了单孔的石拱桥，称作旅人桥。以后隋代的安济桥、仿它而建的永通桥，以及江南水乡城市

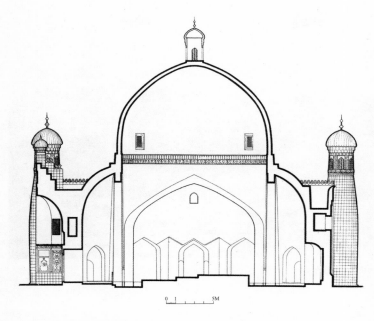

图68：新疆喀什阿巴伙加陵墓剖面图

中的桥梁都是单孔桥。架设在大江巨流之上的石拱桥大部是联拱桥。如金明昌三年（1192年）修建的北京卢沟桥，即为长达265米的11孔拱桥。苏州市南郊的宝带桥更加修长，全长316.08米，共53孔，长虹卧波，联拱绵延，极富结构造型的韵律美（图69）。古典园林也常把这种拱券桥摄入景观之中，如北京颐和园中的玉带桥及十七孔桥都是单券与多券桥的杰作。

图69：江苏苏州宝带桥

无梁殿

古代建筑造型受木结构形式的影响至巨，甚至采用砖石拱券结构时也要做成坡顶木架房屋的外观形式，因其内部没有梁架，故这类建筑俗称无梁殿。无梁殿的建造以明代最为普遍，遗存至今的实例很多，如南京灵谷寺无梁殿（图70、图71）、苏州开元寺无梁殿、太原永祚寺无梁殿、五台山显通寺无梁殿、北京天坛斋宫、北京皇史宬等皆是，同时也大量应用于坛庙的大门建筑上。

图70：江苏南京灵谷寺无梁殿

图71：江苏南京灵谷寺无梁殿内景

无梁殿结构之所以在明代得到发展，其内在原因为技术条件的成熟，这点表现在三方面：第一，解决了大跨度支模技术，能建造跨距达11米的大券；完全可以满足使用功能的要求，这与汉代墓葬中所用仅可容唇一棺的3米左右的券洞已不可同日而语；第二，石灰胶泥的应用普及以后，增强了筒券结构的强度；第三，制砖技术提高，可以提供大量较经济的粘土砖。材料工业的发展带动了建筑结构的发展，明代城墙及民居开始大量用砖砌造即是明证。

　　我国无梁殿的设计虽然受传统木构建筑概念的形式制约，但也包含着不少匠心独运之处。无梁殿的内部空间设计尽量与坡屋顶的外形相适应，减少不必要的结构或构造体量。例如南京灵谷寺无梁殿内部空间设计成三列筒券，中间筒券高，前后筒券低，与外檐的重檐形式相一致。五台山显通寺无梁殿的二层也做成中间大券、四周围以较低小券的形式，这样的券洞组合与屋顶曲线也是一致的。一般城门洞和坛庙门洞的横向筒券在中间一段加高，一则可以解决门扇开关问题；二则减少屋面垫层，节约工程量。在增强券体的稳定性方面，古代匠师有自己的处理方式。欧洲高耸挺拔的高直建筑采用的是拱肋构造，券脚比较高、必须在拱券两侧加设扶壁或飞扶壁才能稳定。而我国券洞的高跨比较小，券脚低，往往通过主券付券间的排列组合来加强整体的稳定性。例如南京灵谷寺主券洞前后为平行的付券洞，两端为厚墙以支持主券洞。太原永祚寺底层主券洞前后为厚墙，两端为横券洞以支持主券洞。五台山显通寺无梁殿更有特色，因为主券洞高逾两层，故底层周围为一周厚墙，墙身开了一串横向券洞作为门窗，二层围绕主券设一周廊券洞作为通道。这样做既满足了使用要求，充分利用建筑空间。又可加强建筑稳固性，是一项巧妙的设计。

拱券结构在传统建筑中虽未成为主流，但也不可忽视它在技术上、艺术上的重要影响，有时它会在某些建筑中成为主角。假如没有了这类半圆形的造型，那么中国古建筑将大为减色！

受儒家文化的影响，中国古代关于科学技术、建造技艺的著作极其罕见，其中的代表是宋代李诫编著的《营造法式》和清工部的《工程做法》。《营造法式》是宋代建筑工程的总结性科学著作，亦反映出至12世纪时我国建筑科学所取得的高度成就。《工程做法》主要内容则是建筑过程中的监督控制，尽管技术层面上有所逊色，却在装饰工艺等方面有其所长。

10

『营造法式』及
清工部『工程做法』

李诫与《营造法式》

衣、食、住、行为人类生活的四项重要活动，每人每时都在面对着穿衣、吃饭、住房子等活动所引起的问题，并且逐步地改善它们，但在古代中国却没有把它们作为科学对待。读书人不去学习它，也不去研究它、论述它。建筑学也是这样，这门技艺靠师徒间口传心授才得以流传下来，古代人几乎没有给我们留下系统而科学的文字著作。但在仅存的几本犹如凤毛麟角的建筑书籍中，却有一部水平极高的建筑技术书，这就是宋代李诫编著的《营造法式》。

李诫，字明仲，河南郑州人，出身官宦家庭。自宋元祐七年（1092年）入将作监担任主簿，开始接触建筑营缮工作，以后累次升迁为监丞、少监，大监，全面负责皇室的营缮事务。大观四年（1110年）死于虢州。前后18年间他主持过不少工程的设计和施工，包括王邸、宫殿、辟雍、府廨、太庙等不同类型的建筑，积累了丰富的建筑技术知识和经验。他所在的正是王安石励行变法的时期，王安石在"整军强兵""理财节用"的变法精神指导下，曾命令政府各部门制定一系列的"令式""法式"，以强化行政管理。宋代建筑工程上存在严重的浪费贪冒现象，是变法理财的重要方面，故而将作监亦曾着手编制有关工程的工料定额，定名为《营造法式》。但随着变法失败，这本《法式》并没有实行，直到宋哲宗赵煦亲政以后，起用新党，再命李诫重编《营造法式》。李诫补充修订了旧本法式的缺漏，经过三年努力，于1100年完成，1103年镂版印刷刊行，使得这部著作得以流传至今。

《营造法式》全书36卷，分为5个部分，即释名、各作制度、功限、料例和图样，另有看详（即总的规定和数据）和目录各一卷。各作制度各卷中，按工种划分为壕寨、石作、大木作、小木作、雕作、旋作、锯作、竹作、瓦作、泥作、彩画作、砖作、窑作等十三作。并按建筑物的等级和大小，规定出各作如何选用材料，确定构件比例和加工方法，安排构件间的相互关系等一系列制度，条理明晰，规定合理。功限和料例部分则是指各工种的劳动定额和用料定额，兼及估工算料的计算方法及材料质量标准等。正因如此，该书虽然是一本有关施工管理的技术书，但书中涉及了建筑设计、结构、用料、制作和施工各方面，全面反映了宋代建筑工程的技术和艺术的水平，我们可以把它视为宋代建筑工程的总结性科学著作。

宋代建筑科学的成就

《营造法式》中所记录的3555条建筑规定和制度中，不但表现出劳动工匠的智慧，也反映了12世纪前后我国建筑科学所取得的成就。例如在建筑和结构设计中制定了"模数"概念，在宋代称之为材分制。《营造法式》卷四"大木作制度"第一条就提出"凡构屋之制，皆以材为祖，材有八等，度屋之大小因而用之"，"各以其材之广分为十五分，以十分为其厚。凡屋宇之高深、名物之短长、曲直举折之势、规矩绳墨之宜，皆以所用材之分以为制度焉"。意思就是在设计工作之先，选定一种截面为3：2的方料作为标准用材，把材高分为15份，厚度分为10份。房屋的规模、各部分的比例、各个构件的长短、截面大小、外观形象等各类尺寸都是以"份"的倍数表示的，所谓"份"就是基本模数。然后"材"又分为8等具体截面尺寸，根据建筑的等第分别选用相宜的材等。当建造房屋时，只需要提出所需规模的大小，就能够确定应该用几等材，然后按照建筑平面、立面形式和各类结构构件所规定的"份"数，推导出其详细具体尺寸，进行设计，安排工料等。一项复杂的建筑工程可以在短时间内完成。在没有大量专业设计人员的古代中国，这无疑是一种提高工效的好方法，在今天，推广模数制和标准化仍是加快设计和施工进度的有效方法。

此外，施工生产上已经具有严密的管理方法，其劳动定额都是根据客观不同情况相应制定的。一年之中以春秋两季所定工值为准，夏季昼长，冬季昼短，因此工值各增减10%。此外考虑到运距的长短、水流的顺逆、木材的软硬等因素，也会对工值进行调整。

这一时期，在结构设计的科学性上亦达到一定高度。根据历史经验的总结，在宋代已经将木结构构架形式归纳为殿堂型和厅堂型两大类，以及其他派生的形制，建筑工匠可以配合平面使用要求直接采用相应的规范（图72）。在结构构造上，规定凡檐柱皆向内倾侧少许，称为"侧脚"，同时檐柱的高度由中间柱向两端柱逐渐加高，称为"升起"，由于"侧脚"和"升起"使构架产生向内倾聚的趋势，增加了构架的稳定性。《法式》中规定梁栿的截面尺寸的高宽比为3：2，这个比例正是从圆形木材中截锯

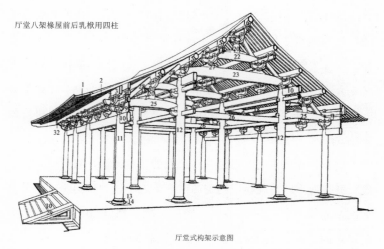

厅堂八架椽屋前后乳栿用四柱

厅堂式构架示意图

1. 飞子；　2. 檐椽；　3. 橑檐方；　4. 斗；　5. 栱；　6. 华栱；　7. 栌斗；　8. 柱头方；　9. 栱眼壁板；　10. 阑额；
11. 檐柱；　12. 内柱；　13. 柱櫍；　14. 柱础；　15. 平槫；　16. 脊槫；　17. 替木；　18. 襻间；　19. 丁华抹颏栱；　20. 蜀柱；
21. 合楷；　22. 平梁；　23. 四椽栿；　24. 劄牵；　25. 乳栿；　26. 顺栿串；　27. 驼峰；　28. 叉手、托脚；　29. 副子；　30. 踏；
31. 象眼；　32. 生头木。

图72：宋《营造法式》大木作制度示意图

出抗弯强度最大的矩形用材的最佳比例。现在虽然不能断定在900年前的宋代是否掌握了材料力学的计算方法，但起码可以证明劳动工匠对木材受力的性能有了充分的认识。

《法式》条文中也显现出古代建筑美学的特征，即建筑的艺术加工与使用功能、结构处理有机地统一在一起。例如在础石、栏板上所作的石刻图案是根据其形体特点设计的；在防止木材表面腐坏的油饰工程的基础上，进一步发展成为艺术性的彩画作；在不妨碍结构构件力学性能基础上所做的"卷杀""月梁""线脚"等艺术加工；为改善屋面防水性能而采用琉璃瓦，推演出各种绚丽的色彩琉璃，美化建筑外观；屋面上的走兽、脊吻、门窗花格图案等都有其实用功能。总之，从《法式》中可以看出建筑艺术和技术之间密切配合、相辅相成的关系。在宋代建筑遗物数量不多的情况下，《法式》一书中记载的相当多的技术数据为科学研究工作提供了有价值的素材。

承前启后，继往开来

宋代建筑成就不是孤立存在的，它是建筑发展史的一个阶段，必然与前代有着继承关系，并影响着以后建筑的进程。从已知的唐代建筑中可以看出，许多技术特点在宋代之前就已经形成或正在形成了。例如唐代著名建筑五台山佛光寺东大殿的构架，即《法式》中所记载的"金箱斗底槽"殿堂构架形式。又如建筑的侧脚与升起，在佛光寺中已经采用了。唐代建筑遗址中已经发现绿色琉璃瓦被应用在重要殿堂上。莲花形柱础、勾片栏杆、直棂格子门窗等一直沿用到宋代。但一些技术与构造形式在宋代有了新的发展。如唐代屋脊上的鸱尾变成吻兽、柱枋上的补间人字栱已经被淘汰，改为斗栱补间铺作形式；宋代门窗棂格、藻井等更加丰富多变。

宋代以后的建筑又有了长足的进步，但某些手法仍有宋代原意。如侧脚法一直保持到清代；现今琉璃瓦制作技术仍与宋代相差不多，只是增加了更多的彩色配方；须弥座的形式、格子门的形式、乌头门（棂星门）的形式都因袭了宋代的造型。特别值得注意的是，清代时也曾编纂过一部技术书籍，作为控制建筑营造质量与工料的依据，这就是清工部《工程做法》。

《工程做法》

《工程做法》编辑于清雍正十二年（1734年），正是清代初期建筑工程量逐渐增多、有必要进行统一整顿之时。全书共74卷，前27卷为27种典型工程实例的大木设计及各部分的详细尺寸，后47卷为大木作、装修作、石作、瓦作、土作、铜作、铁作、搭材作、油作、画作、裱作等11个工种的用工用料定额规定。与宋代《营造法式》相比较可以看出，宋代着重设计法式的原则规定，清代着重设计尺度的具体做法，以古代术语称之，一为"程式"，一为"事例"。从技术水平上看，清代《工程做法》要逊于宋代，但在建筑管理混乱，没有成文的规范、规定的情况下，这种事例规定仍具有很重要的监督控制作用。

《工程做法》一书的应用范围主要是针对宫廷营建的"坛庙、宫殿、陵寝、仓库、城垣、寺庙、王府"等官工范围，虽然不包括民间房舍，但从这部书中也可以窥见清代建筑技术发展的水平。例如在建筑装饰、装修方面，清代比宋代的规定明显增多并加细。宋代油、画不分，清代明确划分为油作与彩画作。在其他各作中又详细地划分出雕銮匠、菱花匠、锭铰匠、砍凿匠、镟花匠等专门工艺匠作，说明清代建筑装饰工艺的发达与详细程度。又如大木制作方面较宋代有所发展，斗栱的结构作用降低，仅限在外檐使用，内檐各构件多为搭交或榫接，直接传递荷载。构件制作应用放攒、帮拼，可用小材组成大材。构件交接点多用拉扯等铁活，加强了牢固性。同时，唐宋以来盛行的侧脚、升起之法进一步减小了。清代屋顶坡度曲线采用举架法，较宋代的举折法在应用上更为简便，但在整体比例上不易控制得当。关于建筑设计尺度标准，宋代是以"材"（即栱身的宽厚）为根本依据，而降至清代，斗栱作用日渐衰退，虽然仍以斗口为计量标准，但在中小型房屋以及楼房、转角房等建筑类型中则直接开列房屋间架及构件尺寸，不以斗口为依据，说明设计方法也产生了改变。此外在工料定额制定、材料供应方式、彩画题材图案方面，与宋代比较亦有所不同（图73）。

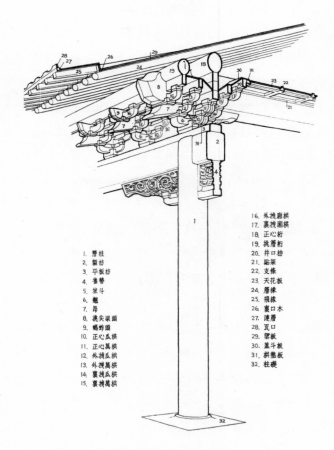

1. 檐柱
2. 额枋
3. 平板枋
4. 雀替
5. 坐斗
6. 翘
7. 昂
8. 拱尖采头
9. 蚂蚱头
10. 正心瓜拱
11. 正心万拱
12. 外拽瓜拱
13. 外拽万拱
14. 里拽瓜拱
15. 里拽万拱
16. 外拽厢拱
17. 里拽厢拱
18. 正心桁
19. 挑檐桁
20. 井口枋
21. 贴梁
22. 支条
23. 天花板
24. 檐椽
25. 飞椽
26. 里口木
27. 连檐
28. 瓦口
29. 望板
30. 盖斗板
31. 拱垫板
32. 柱礩

图73：清代大木构件图

在有文字可考的三千余年间，在历史遗留下浩如烟海的文献典籍中，仅有屈指可数的有关建筑技术方面的记载。就所知者，上起《考工记》，经宋代《营造法式》《木经》，元代的《大元仓库记》，明代《园冶》《长物志》《鲁班经》《梓人遗制》《工部厂库须知》，以迄清代的《工程做法》《内庭做法则例》《圆明园工程做法则例》等书，虽然有些典籍过于疏漏，有些仅余残段，有些仅为建筑某一方面的记载，但串联起来仍能给我们提供一幅发展的图像。其中《营造法式》一书以其内容精确、记叙全面，为中国古代建筑技术发展史的研究起了沟通、传递的作用，是一份难得的珍贵资料。

中国古建筑工艺之精湛，构造之巧妙，在世界建筑史上亦享有盛名，取得了极其辉煌的成就，而这些成就却是一些默默无闻、连姓名都没有留下来的民间匠师们创造的。与此同时，也从一个独特的角度反映出我国古代科学技术的发展水平。

11

能工巧匠出自民间

匠心巧运

以土木结构为主体的中国古建筑与欧洲砖石建筑相比较，形象上似不如后者高峻雄伟、气势轩昂，却具有另一种独到的东方气势，工艺巧妙，构造合理，表现出一种技艺之美。这些技艺的某些方面在当时世界范围内可能居于领先地位，而这些辉煌成就却是一些默默无闻、连姓名都没有留下来的民间匠师们创造的。

从结构上考查，我国工匠早在6000年前尚处于使用石器建造房屋的时代就已发明了榫卯构造搭接构架。战国时代（前5世纪～前3世纪）的细木工艺更具有非凡的水平，大量出土物品证明当时木工应用扣榫、透榫、割肩透榫、燕尾榫、企口板、压口缝以及燕尾销等一系列木构结合形式去制造木器及建筑装修（图74）。正因细木工艺的悠久传统、源远流长，发展到明代才会产生出那种轻巧纤细、曲线柔和、精致光洁、具有塑性美的硬木家具。我国木构架体系很早就形成了抬梁式与穿斗式两种基本的构架形式，并演化出多种变体。同时在桥梁木构架上创制了悬臂桥（图75）以及木拱架式桥，用较短的木材解决大跨度结构问题。这种木拱架式桥在宋人张择端所绘的《清明上河图》中可以看到其形象。

在地基基础方面，一些大建筑物及佛像地基中已使用了桩基。宋《营造法式》中也曾有在基础工程中打桩的规定。特别值

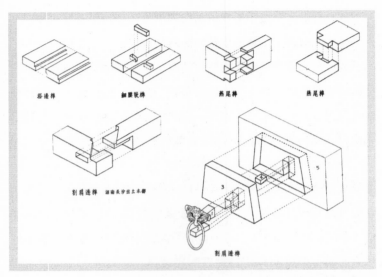

搭逃榫　　　　细腰锁榫　　　　燕尾榫　　　　燕尾榫

割肩透榫　湖南长沙出土木器

割肩透榫

图74：战国木构榫卯

图75：甘肃文县阴平桥

得重视的就是宋代泉州洛阳桥的基础工程，它表现出工匠的极大智慧：工匠们先在水底沿桥基铺满石块，然后培殖牡蛎，三年以后牡蛎的蛎房硬壳将石块彼此胶结在一起，形成一条横跨河床的整体的筏形基础，再在其上建造桥墩、桥面，形成大桥。这种构思已经超过一般工程学的概念，而将生物学引入工程界，若冠以现代的名字，应该叫做"工程生物学"吧!

给排水的设计也有着久远的历史，在殷墟遗址中曾发掘出不少下水管道，可以证明公元前11世纪的居住区内即有排水设施。到战国时期，当时盛行的台榭建筑中也都具备良好的排水设施。秦代咸阳宫遗址内还发现了一间当作浴室使用的房间，有漏斗形的集水器，以及曲折的排水管道。

公元前3000年已经开始在建筑上使用石灰。公元前9世纪出现了陶瓦。至少在周代，已经将青铜、玉石、彩绘、绢帛等材料用于建筑装饰与装修。琉璃技术应用在建筑上的时间虽然不能算早，但从北魏（公元6世纪）时代开始应用琉璃瓦以来，持续不断，一脉相承地沿用到清代，形成色彩绚丽的东方格调的琉璃艺术（图76）。隋代（公元7世纪初）已经在重要的皇家建筑工程上预先绘制设计图纸和制作模型，作为审查确定方案之用。此外，在建筑测量方面和土方工程计算上有不少有价值的事例。尤其在建筑施工方面更有引人思考、发人深省的众多事例，至今仍有启发借鉴价值。

图76：北京颐和园智慧海琉璃面砖

起重之法

我国很早即发明了用桔槔制作的简单起重工具，直至明清时期，大木施工上起吊重物时仍在应用，称为"打秤杆"，即利用杠杆两端力臂不同的原理，以小力产生大力，吊起重物。中国古代也发明了以滑轮与绞盘为主的起吊工具。但是遇到巨型构件或特殊的施工情况，则需要临场依靠工匠们的巧思，寻找合宜的处理方法。例如福建漳州江东桥，又称虎渡桥，是建于宋代（1237—1240年）的一座多跨梁式石桥，在桥墩之间架设三根石梁作为桥面，最大一根石梁长23.7米、高1.35米、宽1.32米，自重达120吨（图77）。这种巨型构件如何架设在桥墩上，一直成为不解之谜。据当地古老传说，认为该桥石梁架设是用水浮之法，即将石梁架于木船上，运至桥墩之间，利用水面涨潮之际船体上浮，将石梁架于桥墩之上，但是施工细节如何，至今尚不可知。

《宋史·方技传》中有一段与此类似的记载，是宋代僧人怀丙以船起重的事例：记载称河中府有一座浮桥，两端用8个铁牛维系

图77：福建漳州江东桥

缆绳，每一只铁牛达数万斤，有一年河水暴涨，浮桥中断，将铁牛牵入河中无法起运出来。怀丙命人以两只大船装满土，驶到铁牛陷落处，船间架以木梁，梁上系以绳索将牛缚住，然后逐渐除去船内之土，船体上浮便将铁牛托运出来。上述是利用水力的例子，当然也有利用其他力学的例子。据唐代《国史补》的记载，苏州重元寺有一座楼阁，它的一部分忽然歪闪而倾斜，若要将它扶正，需要组织复杂的起重措施，花费钱财甚多。有一游方僧人说，不用费如此大的事，他一人就可扶正。每天他带着许多木楔登上楼，在不同部位的梁柱间敲入木楔，逐渐纠正倾斜之处，不出一个月，整座楼阁又复挺立如初。他的办法实际上是利用挤压的原理，积小成大来扶正房屋。时至今日，假如一般木制门窗框扇下垂走闪，亦只需在榫卯处敲进木楔就可调整方正，其原理是一致的。以小力换取大力的例子尚有利用土功之法。例如北京大钟寺的大钟是如何挂在钟架上的，有一种说法就是先在基址上堆土成丘，上立铜钟，围绕铜钟搭设钟架，将钟纽挂在钟架上，然后去土，铜钟自然悬于钟架上了。以上数例说明古代工匠非常熟知功的原则，以时间、距离的加长加多，换取短时、短距条件下的大起重力。

运输之法

古代土建工程运输工作使用人力较多，手提肩扛，劳动异常艰辛，但在水网地区、河湖沿岸之处却可得水运之利。明清时期修建北京使用的城砖、金砖多由江苏苏州或山东临清采运，借助大运河的便利，长途船运至京城。明初定都南京城，修筑南京城墙的城砖是由各府州县征调而来，从现存城砖上的模印可知这些州县多是江苏、安徽、江西、湖北等沿长江或其支流沿岸的府、州、县，可见城砖的运输也是依靠水运而来的（图78）。有时官工也大量使用车辆运输。汉昭帝营造陵寝，一次便征发民间牛车3万辆。以上是一般性运输，一些重型构件或材料则需另想办法起运。例如明代嘉靖年间修建宫城三大殿所用的台基的陛石，长

图78：南京明代城砖印文

三丈，阔一丈，厚五尺，约重110吨，是用旱船由人力自产地拖运至京城的。这里所谓的"旱船"估计为一船架，上置巨石，下为滚杠，以滚动法减少地面摩擦力。至万历建造三大殿时，运送巨石改用车辆，建造了一种特制的十六轮大车，以骡马拖运，进一步减轻了人力负担。金代张中彦拖运新造大船下水的事例也是运输工程的一桩巧思：因船体巨大，拖曳不易，张中彦命工匠先将船体至河流间的一段地势修理平整，并有一定坡度，然后用新割的秫秸秆密铺于地上，两旁又用巨大木材作为限制，以免船体滑行改变方向。次日清晨，秫秸秆上已经结了一层薄霜，此时命众人拉拽船体，很容易地就将船只拉入河中了。说到这里还可联想到，清代川陕一带木商从崇山峻岭之中采伐和启运木材亦是应用这个原理。首先在山里建造"溜子"至河岸边，长者达数十里，这是一种类似木制长桥的构架，冬天在溜子上浇水，冻成坚冰，重达千斤以上的木材放在溜子上，一个人就可拖出山区。

统筹之法

据《左传》记载，春秋时楚国令尹芴艾猎要建造一座新城，命令主管建城的"封人"来筹措这件事。封人为筑城事先后筹备了资金，整理好夯土用的器具——板干，准备了挖土方的工具，计算了土方量以及土方运距的远近，平整了基址，准备了口粮，并请主管部门作了各种计算，然后开工，仅用30天就完成了工程任务。这段记载说明早在公元前5世纪，建筑施工工作已经具备一整套的管理方法，统筹兼顾各个施工环节，力求快速、低价地完成施工任务。

古代施工管理工作的范例历代皆有，《梦溪笔谈》中所介绍的"一举而三役济"的做法可算运筹学用于工程的优秀实例——宋朝大中祥符年间，汴梁城宫殿失火，由丁谓主持修复工程，但苦于取土困难，需要在很远处才能取到土，于是丁谓决定将城内大街挖开，就近取土用于土建工程。大街被挖成濠堑以后，直通汴河，放河水入堑形成河道，引各处来的竹木排筏及运输杂用建筑材料的船只沿濠堑一直运抵宫门，节省了搬运费用。新宫殿完成后剩余大量瓦砾渣土，将这些杂物填充在濠堑之中，又恢复了大街平整的路面。丁谓用这个方法同时解决了取土、运输、处理废渣三项工作，取得非常好的经济效果。

明代嘉靖三十六年（1557年）北京宫殿失火，郑晓时协助修复宫殿工程时亦采用了这种构思。他将劫后残余材料按砖、瓦、木、石的类别及完好、半残、缺损等不同状况分别堆放，新建六科廊、东西朝房，以及修补午门以内残墙、新建乾清宫前墙等项全部用的旧料，节约甚多。同时宫殿修筑尚需大量黄土，若自城外起运需要车辆5000辆。郑晓时建议在午门东西阙门外的空地取土，工程完毕以焦土、渣土回填，上覆黄土三尺，依然恢复旧观。南宋绍兴年间王晚任平江府（今苏州市）知府，当时城市遭到金兵洗劫，瓦砾遍地，残破不堪，学校、公署等设施都有待兴建。王晚决定凡入城卖货的小船，出城时必须装载一船瓦砾，运至城郊培厚塘岸田埂，城区郊区人民都很满意。同时他决定将城内碎石堆积起来焚烧成石灰，作公署、官舍泥墙之用。这些都是统筹思想的体现。

明朝末年曾经出现一位杰出的建筑经济家，他就是万历年间的工部郎中贺盛瑞。在统筹解决施工问题、防止弊端方面作过不少的改革。他主管皇家工程前后计6年，修过泰陵、献陵、公主府第、城墙、西华门等。他的经济管理才能集中地反映在修复乾清、坤宁两宫工程上，他除了反对请托、杜绝钻营肥缺、严格控制办事机构外，更主要的是完善了各项施工管理制度，重视经济核算。例如工程用车由官府承造，交民户使用，分5年从运费中扣回车价，这项车价仅占民户每年运费的5%，完全可以负担，官私两利；又如两宫工程量甚大，他将整个工程划分为若干工区，各设司官及内官二人负责，规定了明确的赏罚制度，因此各工区官吏之间彼此竞赛，人人进取，避免了推诿、观望、互相掣肘的弊病。他还制定了工程预算的会估制度，即在工程开始之前，由工部堂上官员（代表施工一方）、科道官（代表财务监督一方）及内监官（代表宫廷，即业主一方）三方参照近例共同议定该项工程所用物料、钱粮，一经题定，日后不得随意加添，以此堵塞随意要价、中饱私囊的漏洞。在工程付酬办法中，他提出了"论功不论匠"的原则，改变了按人头发放工钱的惯例，不按工匠多少人，而按其完成工程量的实际成效发放工钱，这个办法不但提高了工效，而且杜绝了有名无人、有人无功，由工头冒吃空额的弊端。因此在主管乾清、坤宁两宫工程中，他总计节约了白银92万两，占全部造价的57.5%，这项成绩在古代是极为罕见的。

综观历代能工巧匠及有识之士，他们之所以在建筑工程上做出突出贡献，其主要特点一方面是深入实际，面向社会，不尚空谈，不回避矛盾，解决实际问题；另一方面则是他们有多方面的科学知识及社会经验，能够在困难条件下寻找合理的方案与措施。

中国的园林艺术将自然山水之美融汇于一方天地之间，风格独树一帜，典雅优美。从奴隶社会开始，就已经有了苑囿式的园林。随着政治经济的发展，苑囿逐渐被人工建造的山水园、因地制宜的宅园所代替。明朝末年计成所著《园冶》即为总结宅园建造经验的专著。

上林苑、花石纲、『园冶』

园林是城市生活的一部分，是艺术与工程相结合的产物。造园活动是建筑师们最感兴趣，但也最难取得成就的一项专业内容。世界各国人民创造了各种类型、各种风格的园林，而中国独树一帜，将自然山水之美融汇在园林之中，形成东方式的园林艺术。数千年来纷繁的造园活动很难以少许篇幅概括，故仅列举出一园、一事、一书来描述其发展脉络。

上林苑

原始社会的生产力水平很低，以狩猎和采集来维持生活，人们的生产和生活直接与大自然相联系、相接触，在艺术创造上创立了原始绘画、原始音乐等艺术门类来表现劳动的欢快，但因为人们基本上生活在大自然中，所以没有产生造园的要求。奴隶社会里，随着生产工具和生产技术的进步，使得奴隶主阶级能够脱离直接的生产劳动，完全依靠剥削奴隶来过活，他们往日的狩猎活动及种植活动已成为过去，为了回味这些过去的历史，便出现了初级的园林形式——苑囿，在这里所进行的狩猎和种植活动都是以游乐为目的的一种享乐。殷墟甲骨文中即已有"园""囿""圃"等象形字出现，由周代关于"灵囿"的描写可知，这种"囿"是圈定一定地界的，甚或筑有墙篱，其中有丰富的天然植被，并养育众多禽兽，包括熊、虎、孔雀、麋鹿、雉兔、禽鸟等。其中还可能建有台榭、池沼，以点缀风景。

秦始皇吞并六国以后，曾在渭水之南建造了著名的上林苑。这正是一座苑囿式的园林。汉武帝时根据秦时旧苑加以扩建，占地范围"南至宜春、鼎湖、御宿、昆吾，旁南山而至长杨、五柞，北绕黄山，濒渭而东"。即在今天西安市的西南，地跨兰田、长安、户县、周至等数县，史称"周袤三百里，内有离宫七十所，皆容千乘万骑"，"苑中养百兽、天子秋、冬射猎苑中"，规模之大，世间难有其匹。

　　汉代初年的上林苑，基本上以自然风貌为基调，每年有不少山林收获物。经武帝扩建后，增加了不少宫、苑、观、馆等建筑物，著名的建章宫即在其中。虽然由于建筑内容增多，加深了离宫的气氛，但从建筑内容上看，它仍然是一处以游猎山林与欣赏植物为目的的苑囿式园林。其中以动物命名的宫观甚多。如射熊馆、犬台馆、众鹿馆、虎圈、走马馆、观象观、鱼鸣观、白鹿观等，反映出上林苑内饲养的禽兽品种非常多。汉武帝时，掌管上林苑的官员名叫"水衡都尉"——在古代，掌山林之官叫"衡"，掌水利之官叫"都水"，"水衡都尉"一词也说明了上林苑的经营性质。上林苑中还有许多奇花异树及经济价值较高的植物，有些宫观就是为培植这些植物而建造的。如柘观、樛木观、葡萄宫、青梧观、细柳观、白杨观等。其中以扶荔宫最为有名：汉武帝元鼎六年（公元前111年）攻破南越，建造了这座宫殿，用以种植南方的奇草异木，有菖蒲、山姜、香蕉、留求子、桂花、龙眼、荔枝、槟榔、橄榄、柑橘等。虽然因气候差异，大部分植物未能成活，但每年仍大量移植，以供欣赏。

此外，上林苑中尚有许多品种优良的植物，包括梨、枣、栗、桃、李、柰、梅、杏、桐、林檎、枇杷、橙、石榴等果树；以及榆、槐、桂、漆、楠、枞等经济林木。从上林苑的设置可知，园林内有进行宴乐（建章宫）、住宿（御宿苑）、招待宾客（思贤苑）、祭祀、狩猎、游赏、收摘等多方面的内容，但其中心主题是囿与圃，因此上林苑同时可称为一座古代的巨型动植物园。这个时期园林构思受经济生活特征的影响至为明显。

花石纲

三国、两晋时代战争频繁，人民生活不得安定，普遍产生遁世思想，希望超脱尘世，遁迹在大自然中，以求精神上的解脱。艺术创作中的田园诗、山水画等类别突出地发展起来。同时地主阶级进一步脱离生产，不再醉心于动态的田猎生活，而是对静观的自然山水风景发生兴趣，因此在造园史上产生了以山林野趣为主题的山水园。这类园林是以真山真水为蓝本，经过提炼、概括，在人工建造的园林中将自然景观再现出来。

以山水为主题的园林在两汉时期即有萌发，如梁孝王刘武的兔园、茂陵富人袁广汉的花园，以及东汉大将军梁冀在洛阳的花园，都是在园中人工穿池堆山，模拟高山峻岭、深林绝涧之风貌，广置珍禽驯兽、奇花异草，在数里范围内囊括自然山水之妙境。西晋时代石崇的金谷园也是一座山水园，但其主题是以池沼花木为重点，风格更趋向静雅。这种风格的园林在南朝得到了进一步的发展，例如刘宋的玄武湖、华林园等皆是。由于水景在园林中具有突出地位，因此自秦、汉以来，方士所倡导的"东海有蓬莱、方丈、瀛洲三座神山"这一命题，更广泛地应用在园林之中，往往在池沼中点缀三座岛屿以象征这一构思。隋炀帝在洛阳所营造的西苑是发挥水景园林特长的又一巨作，内湖周达十余里，中间建造了三神山，湖北岸有龙鳞渠萦绕，缘渠还建造了十六院，都是一座座独立的园林，这类以水体为骨干的园林在北方是少见的。

唐、宋时代文人写意画的发展为山水园设计增添了营养，把一些画意构思以园林空间形式表现出来。这时的园林建造活动规模日趋扩大，造园技艺愈益精进，北宋末期著称于史籍的"花石纲"事件就是一次宏大的造园活动。北宋徽宗赵佶是一位风流皇帝，能书善画，爱色贪杯，晚年受朱勔等人蛊惑，迷恋奇花异石，除建造了玉清和阳宫、上清宝箓宫等几座大型宫观园林之外，又建造了一座寿山艮岳。从公元1117年起造，至1123年建成，历时达6年，周围十余里，搜集四方奇花异石充实其间，楼台殿阁不可胜数，堆土垒石筑成千岩万壑，其结构之精妙，一时传为绝胜。

朱勔本是苏州人，投靠蔡京、童贯门下得以补官，这期间他经常以工巧之物贡奉内廷，故得命在苏州组织应奉局，专门制造各种金银珠宝器物。艮岳开始建造时，特命他在苏杭一带搜寻奇花异石运至汴京（开封）供营建之用。他的搜寻活动"搜岩剔薮，无所不到"，"凡士庶之家有一花一木之妙者，悉以黄帕遮复，指为御前之物"，名为搜寻，实为抢劫。遇有高大巨石，则以巨舰装载，用千夫牵挽，凿河断桥，毁堰折闸，辇至京师。这种长年不断的花石运输工程，当时称之为"花石纲"。可惜这样一座规模巨大的皇帝苑囿，只存了4年时间，在1127年金兵攻占汴京时被彻底平毁了。

艮岳的造园思想是以山水为骨干，以叠山为构图中心，围绕艮岳山布置景区。在山东有梅林，山西有药寮及种植农田作物的西庄，山上山下点缀亭阁、瀑布、水池、栈道、树木、岩洞、沙洲等，构成变化众多的山水景色，如白龙沟、濯龙峡、跨云亭、罗汉岩、万松岭、倚翠楼、芦渚、雁池等。

宋代的人工叠山活动增多，技法更形熟练。《画论》中讲求"先立宾主之位，决定远近之形"，"取峦向，分石脉"，把山形、山势、走向、脉络等山峦特征都概括地表现在人工堆叠的山石中。宋代人叠山的独到之处，不仅是堆叠高耸，而且其中必妆点石洞。据云在艮岳山中有大洞数十个，这样做可以使山岩空间更具变幻之感，且工程更为经济合理，当然这就需要有更高超的叠山技巧。此外，宋代人还喜欢欣赏独石、孤峰，可以把它看作园林中的抽象雕刻作品，虽为自然之物，却可寄托各种遐想。艮岳中就有名为"排衙巧怪嵁岩"的巨石，高达三丈。艮岳西面入口的华阳门之内立着一块"神运昭功石"，旁有两棵桧树，一名"朝日升龙之桧"，一名"卧云伏龙之桧"，形成进入园林入口的序幕。从艮岳的园林构图来看，自然山水的苑囿式的园林，至此已经完全人工化；这样就有条件更精练、更概括地表现所要求的构思，也就是说，园林艺术的创作性更为突出了（图79）。

图79：宋画《金明池争标图》中的园林

《园冶》

明清时代，园林艺术中的"宅园"类型得到了巨大的发展，其数量与质量都达到了空前的地步，分布遍及全国南北。如苏州的拙政园、留园（图80），扬州的寄啸山庄、小盘谷，北京的恭王府花园，嘉定秋霞圃，南京瞻园，常熟燕园，杭州水竹居，番

图80：江苏苏州留园冠云峰

禺余荫山房，广州九曜园等。至于各地已经残毁的历史名园更是不计其数了。

　　形成明清宅园兴盛的原因固然是封建社会经济文化发展的结果，使得一般富商大户、退隐官宦也有财力拥有私人园林，以丰富他们的宅居生活，但同时也反映了封建末期统治阶层追求享乐，寄情山水，主张怡情养性的消极遁世思想（图81、图82）。其间文人雅士不仅通过诗词绘画去影响园林建筑艺术，而且有些人还直接参与造园活动。

图81：江苏苏州拙政园梧竹幽居亭

图82：北京常园水阁

　　宅园受城市用地的局限，必须在狭小的空间内布置山水意境，这就不得不使园林构图更趋向写意化、抽象化、微型化，宅园也可以说是可游的大盆景。受这个特定条件影响，造园艺术技巧有了新的发展，除了相地、立基要因地制宜，构思立意要有山林之趣外，特别需要出一套造景、摄景、借景的手法，延揽内外景色，扩大与丰富观赏景物，以适应宅园的建造。明朝末年计成所著的《园冶》一书正是一本总结宅园建造经验的专门园林艺术论著。

计成，字无否，松陵（今苏州府吴江县同里镇）人，生于明万历七年（1579年），能文善画，能以画意指导园林修造，并亲自动手建造过一些宅园。他根据自己的体会与研讨，于1631年写成《园冶》一书。全书3卷，共10篇，分别为相地、立基、屋宇、装折、门窗、墙垣、铺地、掇山、选石、借景，卷首另加"兴造论"与"园说"两篇文字作为概论。书中对园林创作的基本原则提出要"巧于因借，精在体宜"，即要因环境条件的不同而追求最合宜的构思方案，要善于因势利导，借用周围景色。这样做不仅可以节约时间与造价，而且可以创造出最富于地方特点的景色。至于何谓"得宜"，全在作者精心体察。园地的基址高下、环境端屈、树木植被、水泉流向等条件，皆可借助人工整理而成为景致，并且彼此可以相互资借。借景方法不拘内外，远借、近借、仰借、俯借、因四时而借，"俗则屏之，嘉则收之"，一切景致为我所用。

《园冶》一书中还提出"虽由人作，宛似天开"的艺术构思，即模拟自然，再现自然，以追求自然为造园的根本目标。山不在高，而要仿效其峰峦走向、山石纹理之法；水不在广，而要模拟其矶石分布、劲湍缓流之态。假如神形俱在，则一勺水可视为汪洋巨浸，一撮石可当作千岩万壑。在宅园建造中，其写意成分较皇家苑囿更为突出、概括，因此必须用抽象的概念、文学的意境去欣赏，方能领略其佳处。这些造园艺术特点正是基于明清宅园用地狭小、注重静观的观赏要求而产生的。《园冶》一书中有大量篇幅论述园林建筑物的建造艺术，如立基、屋宇、装折、门窗、墙垣、铺地等篇，不仅论述了技术做法，而且绘制了大量图样，这也是因为园林规模变小以后，建筑在园林中的相对比重加大，要求建筑艺术的表现力更为丰富多彩所致（图83～图85）。

图83：江苏苏州拙政园三十六鸳鸯馆

图84：江苏苏州拙
政园海棠春坞漏窗

图85：江苏无锡寄畅
园铺地

《园冶》一书的问世，在传统造园事业中起了继往开来的作用。清代私家园林的建造受其影响颇深。至于叠山技艺更有新的发展，接连涌现了如张琏、张然、石涛、李渔、戈裕良等既通晓造园艺术又精于叠山技艺的名家。《园冶》一书的出版，可以让我们从侧面窥知明清园林事业，特别是私家宅园的繁盛局面。

中国古典园林的发展

从纵向来看，中国园林在主题意匠上可以概括为苑囿式、人工山水式及微型写意式这三种，这样的时代发展特征也符合人类审美观念发展的过程。人类美感之源来自生产劳动和生活需要，原始社会的狩猎、采集活动是初期生产的主要形式，生产和生活中，如紧张的搜捕、丰富的收获、享受的满足等，都是原始人类产生美感的根源。虽然奴隶主阶级逐渐脱离劳动，但他们的生活却离不开这些活动，因此建立苑囿就成为初期园林的主题意象。封建农业经济的发展，使人们对狩猎或采集活动的印象日渐淡漠，而封建城市的扩展使地主官僚阶级不但脱离了生产，也脱离了自然。返回自然、接近自然的需要导致建立山水式园林，各种以自然山水为标题的园林是中世纪园林的特点，即"城市山林"。封建社会末期，统治阶级积累了高度文化素养，但进一步脱离生产劳动，他们对自然山水的玩赏只能从抒发情感的诗情画意中去寻求，加之财力、物力的限制，使大量的地主官僚私家园林趋向于微型化、写意化，欣赏活动逐渐从动观（走入园林山水之中）转向静观（在山水之外观赏）。

　　上述主题仅是历史上影响造园构思的主要方向，实际尚有更多方面的因素影响园林的发展，可以说各种社会意识都在园林中有所反映。例如宗教思想的影响，来源于周代方士之说的"东海三仙山"长期成为园林的重要题材，北京颐和园中的南湖岛、冶镜阁、藻鉴堂等三岛，故宫西苑的琼岛、水云榭、瀛台等三岛，皆为"三仙山"构思；汉武帝在建章宫内造神明台承露盘以承接云表仙露，求得长生不老，故后期园林中建造"承露盘"也成为重要题材内容之一（图86）。到了封建后期，大量佛道寺观充满园林之内，宗教活动也成为园林题材。其他如经济思想在园林中也有反映，《红楼梦》中关于大观园中稻香村的描述即是以宣传"农家乐"为主题的产物，各代苑囿中的买卖街则是商品经济的反映。此外，"武陵春色"是追求世外桃源的思想，"钓鱼台"是标榜高雅之意，这些都属于社会意识在园林中的反映。诸多构思的核心仍是再现"自然"这个大主题。

　　从横向来看，在各个历史时期，三种自然主题又是兼收并蓄、互相包容的，只不过各有其发达繁盛的时代而已。以清代避暑山庄为例，其中的万树园、松林峡、驯鹿坡等景观与活动实为古代苑囿式园林一脉相承的产物；其中天宇咸畅、月色江声等景观可属于人工山水园类型的景点；又如文园狮子林、小沧浪等则属于微型写意式园林。历史上形成的各类型园林形式都在不断发展、变化、运用之中。

图86：北京北海承露盘

"视死如生"，是中国古代的人们对于死亡的理解，这种理解也反映在了独特的墓葬形制和陵墓建筑之中。中国的陵墓建筑可分为地下和地上两部分，地下部分满足了死者"死后生活"的需求，地上建筑则以恢宏的布局来表现死者的精神永存。

13

视死如生的艺术

——陵墓的地上地下

生命之谜

在古代社会，许多自然现象无法解释，其中尤其使人们困惑不解的就是生和死。人是如何生出来，死后又到哪里去，一直是个神奇的谜。世界各地人民对生命起源及死亡归宿的解释不同，因此陵墓建筑的构思也不相同。古代埃及人相信灵魂不死，有朝一日仍要回归肉体之中而复生，因此精心保护尸体，采用上等香料制成木乃伊放在墓中，并模仿住宅或宫殿的型制建造陵墓的地上部分。直到古王国时期才摆脱住宅和宫殿的影响，用巨石创造出反映永恒不灭的思想的雄伟金字塔。

天主教国家的人们相信人是上帝的奴仆，人死后可以回到上帝的身边，过着圣洁的天堂生活，因此在人间不太重视墓室的建造，仅仅留一个纪念性的标志而已。我国古代西藏地区人民相信死后会升天，并采取由猛禽叼食的办法实现肉体升天的愿望，即所谓"天葬"，因此在土地上也就不必建造保留尸体的墓室了。

长期以来，中国广大地区的人民对死后的信念，一直认为是到另一个世界去生活，不仅灵魂不死，而且肉体形象依然存在。在另一世界中人们可以过着与世间一样的生活，那里也有市廛闾里、宫殿楼阁、帝王将相，仍然存在着与人间一样的社会关系。后代人对死者的丧葬处理，一如生前的生活。这种信念不能不影响到中国陵墓建筑的构思意匠，进而产生独具特点的陵墓建筑艺术——"视死如生"的建筑艺术。这种情况不仅表现在朦胧的对天崇拜的远古时期的墓葬，也表现在宗教在中国形成以后的各个历史时期的墓葬形制之中。

殉葬与陪葬

既然死者要到另一个世界（不管是阴曹地府，还是极乐世界）生活，就需要带去生前的所有物品财物。即使在原始社会中、真正的个人财物极端稀少的情况下，属于个人仅有的一件炊具——陶罐和一些简陋的石制、骨制工具往往就是他们的陪葬品。步入奴隶社会以后，奴隶也成为主人的财产，死后以生人殉葬供主人在阴间奴役使用，是这一时期墓葬的主要特点。安阳殷墟遗址发掘出的大型殷墓中，杀殉的奴隶婢妾多达200人，尚有大量车马牲畜等。陪葬的生活用具及陈设装饰品种类繁多，数量巨大。如商王武丁的配偶妇好之墓中随葬的青铜器达440余件，玉石器600件、骨角器560件。容纳这样多的殉葬和陪葬品，自然要求有宽大的地下墓室。如殷墟侯家庄的一座大墓，仅竖穴墓室面积即达330平方米，加上四周墓道，总面积达1800平方米、埋深15米。墓室中除了保存尸体的木棺以外，棺外还包有"亚"字形或长方形的木椁，椁内外埋置了各种陪葬品及殉葬的车马奴隶等。

商周时期墓葬的地上部分没有显著的标志，即古人所谓的"不封不树"之意。也有部分学者研究认为墓室之上可能建有享堂建筑，但尚无定论。总之墓葬的重点放在地下，地上建筑较为简略。

自战国以至秦汉，随着社会生产力的进步，杀殉的做法逐渐减少，而代之以俑人和明器，即用木、陶制的假人和模型象征车马、用具、奴仆、房舍等作为陪葬品（图87）。这种陪葬方式较之以前可以节约财力，在陪葬品类方面却可扩大许多，甚至可以随心所欲。以实物殉葬、陪葬时，最大的物体不过是车马，殉人

图87：河南密县汉代陶楼

不过200人，而秦始皇陵三座陪葬坑中的陶制等身兵马俑数目可达7000，一车四马的战车达100余辆，是一组气势磅礴、威武雄壮的军阵缩影。一般贵族富户的坟墓中除了装饰品、用具之外，也增加了许多大型明器的内容，如房舍楼阁、土地园池、车船奴仆等，这些内容在过去的实物陪葬方式中是无法实现的。汉代墓葬的陶制明器，特别是陶制房屋的模型有着特殊意义。汉代地面房屋现已无存，明器就是难能可贵的反映建筑形象面貌及构造作法的间接资料，汉代建筑上很多悬而未解之谜，需要通过这些材料求得解答。汉代以后的墓葬的陪葬品中，金银用具、珠宝饰物明显增多，更注重葬品的价值，而更多的生活内容要通过墓室的设计来反映。

象征性的地下墓室

原始社会为土坑式墓室。奴隶社会虽开始出现木制棺椁，但墓室仍为土坑式，较考究的坟墓是在土坑墓室上部密排棚架，上覆薄土，因为没有抵抗巨大土压力的结构形式，所以无法扩大墓室空间。秦汉以来，有两项技术应用在地下墓室建造中：一为空心砖构成的拱券，一为石窟的开凿。这使得地下墓室不仅空间宽阔，而且变化自由，为模仿生前的生活环境创造了条件。规模最大的实例应属秦始皇的骊山陵。秦始皇即位之初即开始营造陵墓，到他死时，该工程已经进行了30余年。灭六国统一天下以后，工程更加扩大，曾聚集了天下刑徒70余万人于骊山陵的建造。陵园的地上建筑部分虽已毁坏，但至今在陕西临潼之东尚遗留有500米见方、高达70余米的巨大坟丘，供人凭吊。据历史记载，骊山陵的地下部分异常华丽，"以明月珠为日月，人鱼膏为灯烛，水银为大海，金银为凫雁，刻玉石为松柏"，"倾远方奇宝于冢中，为江海川渎及列山岳之形，以沙棠沉檀为舟楫，……又于海中作玉象、鲸鱼，衔火珠为星，以代膏烛"。结合考古发掘出来的兵马俑军阵的陪葬坑及宫人、车马的殉葬坑，囊括天地、山川、争战、游宴等自然景观与生活场景，活生生地再现了秦始皇的独夫统治生活。

汉代砖室墓的应用比较普遍，在大型墓葬中摆脱了在木椁中分成若干箱室以贮存陪葬品的做法，而是仿照住宅的布局，将墓室分建成若干房间。河北满城发现的西汉中期中山靖王刘胜墓即为一例。它是因山开凿的洞窟式墓室，计分前室、后室及南耳室、北耳室。按照各墓室内所发现的陪葬器物推断可知，南耳室为车马房；北耳室为仓库，贮存了很多陶器；而前室为一座厅堂，陈列帷帐供接见宾客之用；后室是内室，为墓主人的寝卧之处，俨然是一座大型住宅的再现。

东汉以来，又将当时盛行的壁画艺术引进墓葬，以图画形式描绘墓主人的生活经历。20世纪70年代在内蒙古的和林格尔发现的著名的汉墓壁画堪称典型。这是一座具有前、中、后三室并有三座耳室的多室墓，墓壁上画满了壁画（图88）。死者为东汉的护乌桓校尉，经历孝廉、郎、长史、都尉、令、校尉等各级行政官吏的升迁。壁画以连环画的形式将其生平升迁的际遇描绘出来，生活气息十分浓厚，画面中表现了汉代的府舍、粮食、厩舍、庖厨等具体形象，也表现了饮宴、出行、农耕等生活场景。

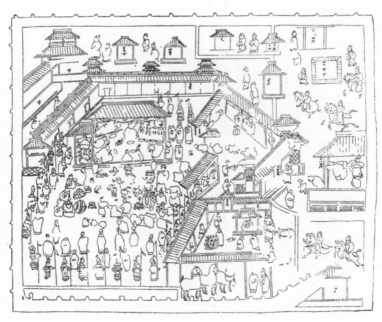

图88：内蒙古和林格尔汉墓壁画府衙图

汉代多室墓虽然象征了人世间住宅的面貌，但规模仍受墓室面积的局限，自南北朝开始，对进入墓室的修长隧道（即墓道）进行处理，沿墓道开凿通达地面的三四个天井，两侧配以耳室，象征大宅院一进进的天井及配房，最后到达墓室。以陕西乾县的唐代乾陵陪葬墓——懿德太子墓为例，墓道中共有6个过洞、7个天井、8个小龛，最后才是前后两座墓室。在第一过洞前的墓道两壁绘有城墙、阙楼、宫城、门楼及车骑仪仗，象征帝王都城、宫城景象（图89），第一天井及第二天井两壁绘有廊屋楹柱及列戟，

图89：陕西乾县唐懿德太子李重润墓阙楼图

列戟数目为两侧各12杆，与史书中宫门殿门制度相同，过洞顶部绘有天花彩画，墓室及后甬道的壁上绘有侍女图，从其手中所持器物分析，亦与唐代宫廷随侍制度相符。整座墓道墓室正是唐代宫廷建筑的缩影。若以此例推论唐代帝陵墓室，估计其设计构思与此相似。

宋金时代，墓室中多以砖刻表现建筑形象者，其中心墓室的四壁刻镂为四合院落，四周的正房、厢房、倒座房的式样，柱、额、橼、瓦俱在。更有趣的是山西一带金元墓葬中有墓室内雕出戏台一座，上置戏剧偶人，供墓主在阴间享用（图90）。

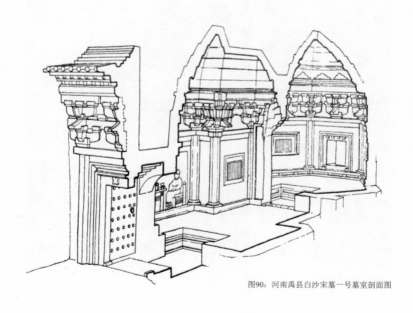

图90：河南禹县白沙宋墓一号墓室剖面图

明清以来，砖石拱券技术应用较广，许多大型墓葬及帝王陵墓都是砖石券洞结构，其布局也完全仿照四合院的形式。例如明十三陵中的定陵地宫即分为前殿、中殿、后殿及左右配殿。甚至每个殿座的屋顶都照地面建筑形式制作出来，然后覆土形成宝顶。只不过为了适应拱券的特点，将前殿中殿改为垂直布置。清代的陵墓地宫充分利用石材特点，在壁面、石门上皆雕满佛像、经文、神将等。从地下墓室的发展过程来看，愈趋晚期，其象征性的成分愈少，而仿真的程度愈显著。

纪念性的地上陵墓建筑

　　地面上的陵墓建筑用以表达对死者的追崇之意，各地如是，自古皆然。但其方式却各有不同。古埃及的金字塔及古印度的桑契佛塔以其抽象的雄伟体量表现纪念性，印度的泰姬玛哈陵墓、中亚撒马尔罕的沙赫—辛德陵墓等伊斯兰古代陵墓以其精巧的建筑艺术造型表现对死者的崇拜，而中国古代陵墓以其恢宏的建筑布局表现死者的精神永存。

　　据河北平山县所发现的战国中山王陵的兆域（即坟茔）图版可知，该遗址为中山王及其眷属四人的墓葬群。周围有两道陵墙，中间为一耸起的横长高台，台上按次序配置了五座坟茔（有的学者在坟茔之上复原出五座享堂建筑）。虽然这是一张设计图，但也可看出早在公元前3世纪，中国陵墓设计就十分重视群体的气势。公元前2世纪的秦始皇陵，中心是一座巨大的陵丘，四周围以两圈城墙，外城周长达6300米（图91），内城之北部为寝殿区，内城南部城墙外为食官居处及廊房建筑，陵区东门外，北部为三组以军阵为主题的兵马俑坑，南部为17座殉葬墓和90座马匹和俑人的陪葬坑，陵区西门外为刑徒墓地，仅就这些已发现的陵区布局已足以说明其气势之庞大雄伟。

西汉王朝的11个帝王陵墓除霸陵、杜陵在长安渭水南岸以外，其余9座全在渭北咸阳平原上，自东向西

图91：陕西临潼秦始皇陵

一字排开，计为阳陵、长陵、安陵、义陵、渭陵、康陵、延陵、平陵、茂陵，一座座复斗式的封土堆此起彼伏，加上周围的陪葬墓，以及为护陵特设的陵邑城池，形成横列如带的陵区，其形势

之豪壮，非一般单座陵墓可比拟。这种集中选择陵区的方式，后来的唐、宋、金、元、明、清历代一直遵循着，特别是明十三陵的群体布局更具有辉煌的成就。唐陵的布局除了因袭历代陵制，在封土四周设陵墙、陵门、石狮以外，特别注重陵前神道的引导作用，在神道两侧布置一系列石象生、阙门等。关于石象生的设置早在秦汉之时即已开始，帝陵前有石麒麟、石辟邪、石象、石马之属，人臣墓前有石羊、石虎、石人、石柱等。汉代霍去病墓前具有一定抽象风格的石鱼、石虎、石野人等石刻更是举世闻名的杰作。南朝陵墓前的石刻已有定制，一般为石辟邪一对、石碑一对或两对、神道石柱一对。

唐陵石刻更加增多，自唐高宗以后几成定制，即一对华表、一对飞马、一对朱雀、五对石马、十对石人以及其他记功碑碣等。唐乾陵的末尾尚有各地使臣石像60尊，以表示"万国来朝"之意，神道前还有土阙两对。这样的布局改变了秦汉以来由墙垣围绕四面辟门的墓区形式，成为纵向逐渐展开的轴线形式。宋代陵墓基本因袭唐制（图92）。至明代又有新的发展，除神道石刻外，更加强各类建筑的布置，入口处有汉白玉石坊、大红门、碑亭等，石象生之后设置了龙凤门、陵门、棱恩殿、二柱门、方城明楼，轴线布局更加丰富深邃，富于表现力（图93）。综观古代陵墓设计发展，有如下趋势——封土逐渐缩小，地宫埋深逐渐变浅，群体布局向轴线形式演进，建筑内容增多，由表现永恒权力的巨大工程体量转变为表现统治思想的建筑环境。

图92：河南巩县宋陵英宗永厚陵神道

图93：北京明十三陵长陵方城明楼

轴线对称式布局在中国古建筑中具有悠久的历史和纯熟的技巧，小到一所住宅，大到整座城市，都有可能因循中轴线进行精确的配置。中国古代工匠通过对直轴、曲轴、竖轴、虚轴这四种轴线形式的运用，制造出了无数千变万化、巧夺天工的建筑作品。

14

轴线艺术

建筑艺术在各艺术门类中属于空间艺术范畴，它不仅具有色彩、质感等艺术表现要素，还具有形体以及形体与空间其他要素相结合而形成的特色。建筑群体有其独特的艺术感染力，能表达出其他艺术门类所不可能达到的内容。建筑群体空间布局从形式上来说可以分成两大类，即轴线对称式布局和体量均衡式布局。另外有一些实例是兼有两类特点的混合式布局。

　　轴线对称式布局即以中轴线为主体，沿轴线布置建筑空间序列。这是中国宫殿、庙宇常用的方式。体量均衡式布局即在各个空间范围自由布置建筑群体，以各建筑的大小、轻重、虚实之对比关系达到视觉上的协调均衡。欧洲古典建筑如希腊雅典卫城的空间设计，意大利威尼斯圣马可广场建筑群设计皆属此类。我国古典园林设计也运用体量均衡方式组织空间构图，并取得优异的成就。但就中国古代绝大部分的建筑群来说，运用轴线方式组织空间具有悠久的历史及纯熟的技巧。漫步在中国古代城市中可以发现，从住宅、店铺、会馆、衙署、宫殿、坛庙、陵墓，直到整座城市，都有着轴线配置关系，几何性、方向性的感受远较西方建筑突出。这一特点可能与中国单体建筑较早地达到标准化与布置上的严格方向性有关，但更重要的是在中国人的思想意识中，早就对中心、中央、中庸之道等对称平衡概念建立了根深蒂固的信仰，愿意按中心轴线方式处理事物，包括建筑在内。在千千万万个按轴线布置的建筑群体中又能生出千变万化的艺术特色，极少雷同之感，不能不承认古代匠师在这方面的深厚造诣。轴线布置的具体形式可分为四种情况，即直轴、曲轴、竖轴和虚轴。

直轴

沿直线布置建筑是传统建筑群的惯用手法。例如寺庙建筑发展到明清时期，多采用一正两厢形式，前为山门，中为天王殿，东西两侧为钟鼓楼，后为大雄宝殿，两侧为东西配殿，三层建筑沿中轴布置。这种标准平面适用于各地寺庙，大型寺庙虽然可以增加供养内容及相应的建筑，但仍沿着中轴线伸展，增加布局范围。各地民居布局亦以采用直轴布局者为多，特别是一些典型大住宅。如北京四合院（图94）、苏州住宅、徽州民居、云南一颗印式住宅、福建三堂加护厝式住宅、客家住宅等。它们的建筑层数有高低，院落有大小，间数有多少，但其布局都是中心轴线概念很强的形式。有些大住宅由于房间过多，一条轴线安排不下，故而采用数条轴线并列的形式，如浙江东阳卢姓大宅，纵轴达7条之多，但依然保持着明确的轴线形式。

衙署建筑同样是轴线布置的典型。据宋平江府（今苏州市）图碑所载，平江府衙的布置是前为子城（府城）正门，状如一座城门楼，后为大堂，再次为设厅，其后为小堂及宅堂（小堂与宅堂布置成工字厅形式），堂后为池塘、花园，一直抵达北面子城

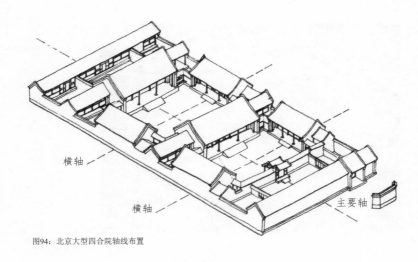

横轴

横轴

主要轴

图94：北京大型四合院轴线布置

城墙上的齐云楼，南北纵列为一直线，方正严整、庄严肃穆。明清以来的衙署建筑依然是前堂后宅，办公与居住合一的纵轴线布置方式。坛庙、陵墓等纪念性建筑的纵向轴线要求则更为严格。某些大型建筑群结合地形顺应山势，布置成前低后高，但其纵向直轴依然不变，只不过把轴线后部逐步抬高。类如颐和园的前山排云殿轴线、承德普宁寺中央组群等皆是此类实例。

　　直轴布局气魄最为宏大的建筑组群，要推明清北京城的中轴布局（图95、图96）。以外城的南门永定门作为起点，经永定门大街、内城南门正阳门、皇城大清门、千步廊、天安门、端门，

图95：北京故宫
中轴线图

图96：北京故宫
中轴线鸟瞰图

到达紫禁城午门，在禁城内沿中轴线布置了前三殿、后三殿、御花园等建筑群体，出神武门、北上门，登景山中峰顶的万春亭，越过景山后的寿皇殿，出地安门，直抵鼓楼和钟楼，这条轴线长达8公里，贯穿南北，一气呵成。轴线两侧又对称布置多重院落及建筑。再配以鲜丽的色彩、丰富的造型。从规划设计角度把"皇权至上"这一设计命题反映得异常深刻。

古代应用直轴布局的建筑群如此广泛众多，人们却不觉其面貌呆板平淡，关键之处就在于古代匠师并非将轴线看作一成不变的直线，而是灵活多变的空间系列，任何一个对称布局的院落都是一个有个性的空间。在小小的北京四合院住宅轴线上，四进院落各有不同：第一进为横长的倒座院，第二进为方形的三合院，第三进为方形的四合院，第四进为横长的罩房院，空间体量及建筑质量各不相同。二三进的正房虽然体量相近，其屋顶也要做成不同形式——二进做清水脊，三进做卷棚顶。至于宏伟的北京城中轴线上的空间更加变化多端，以平面而论，除首尾的前门大街、地安门大街为商业街道外，从大清门至景山寿皇殿共排列了9个形状大小各不相同的广场，有"T"字形、长方形、方形、横长方形等，大多在广场北侧布置主体建筑，也有的在广场中心布置主体建筑。9个空间中，以高35米的太和殿为人工构筑物的中心，以高63米的景山作为自然地形上的屏蔽，以高33米的钟楼作为空间序列的结束，这其中又穿插布置了城台、华表、牌坊、桥梁等各种建筑艺术形式，赋予空间序列更浓厚的艺术特色。整条轴线可说是建筑物谱写的乐章，充满了韵律感和节奏感，观者可从简单的建筑组合中感觉到抑扬顿挫，有如音乐般的旋律。

曲轴

由于地形或历史上的原因，一些建筑群的轴线不能按预计的直线处理，而是采用曲折的形式，同样可以维持统一连贯的艺术构思。例如长达600米的曲阜孔庙轴线上，前后有8进院落。其前部的金声玉振牌坊至大中门间的前三进院落轴线与主轴线偏折成一定角度，过了大中门以后才对正主轴，但由于前部导引部的建筑密度稀、体量小，而且松柏成林，游人行走其间感觉不出轴线偏折。山西洪洞县广胜寺上寺建于山上，前部为山门及八角十三层琉璃砖贴面的飞虹塔，其轴线朝向正南，后部连接布置弥陀殿、释迦殿、毗卢殿，三殿轴线向东偏10度左右，其轴线转折处布置在弥陀殿内，因此不影响轴线的连续性。

清东陵中康熙帝的景陵也是运用曲轴的例子。东陵中以顺治帝的孝陵为主陵，从大石坊开始的神道一直对准隆恩殿及宝城，长达十余里，气势雄伟。景陵在孝陵之东，是配陵之一，为了处理好景陵独立性及配属性的关系，将陵前神道部分设计成弯道，两侧散点式地布置着石人、石马等石象生。谒陵者过了大碑楼之后沿弯道步入陵区，过了龙凤门之后才以直轴对准宝城（图97）。由于景

图97：河北遵化清东陵景陵神道

陵运用弯道，可以造成一种是由孝陵派生出来的建筑组群的感觉，同时弯道两侧的石象生交错布置，以柔和自然的景观引导谒陵者前进，并无生硬之感，是运用曲轴得当之例。

此外，大家熟悉的北海琼岛轴线处理是典型的曲线形式。团城承光殿组群的轴线与永安寺白塔组群轴线都接近正南方向，但两者相差约十余米，这是历史所形成的。古代匠师将团城与琼岛相联系的堆云积翠桥做成"之"字形状，通过曲桥将南北两轴巧妙地结合起来，并在桥两端各设一华丽的牌坊作为南北两轴线的呼应。就像两段直管中间的柔性接头相互联通一样天衣无缝，通顺自然。这种巧妙高超的轴线艺术处理手法，直到今日仍令人钦佩不已（图98）。

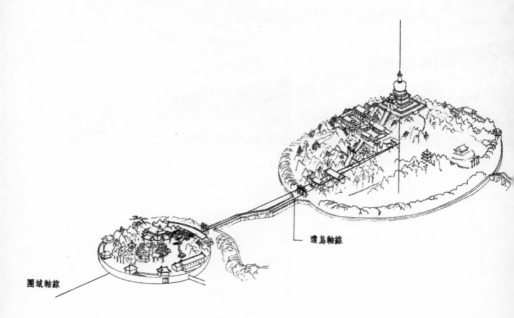

图98：北京北海琼岛与团城轴线关系

竖轴

轴线不总是运用在水平方向，有时它也应用在垂直方向，就形成了竖轴。古代佛塔建筑是典型的竖轴，即不管是方形、六角、八角、十二角的塔，总是围绕中心一根立轴去安排结构细节的，在造型上唯一强调的就是沿竖轴向上发展的趋势。史载建于北魏熙平元年（516年）的洛阳永宁寺九层木塔，高"四十余丈"，正方形平面，每面9间，3门6窗，塔顶有金盘11重，四周悬挂金锋，是一座规整的竖轴式佛塔。

竖轴不仅反映在单体建筑，同样也反映在群体布局上。如西汉长安南郊的礼制建筑，对其进行考古发掘后，依据资料所做的复原图说明这是一座竖轴式的建筑群。建筑群的中心部位为一座圆形夯土台，台上建筑为方形，四面出轩，高3层，在第2层方形平面的四角建有角楼。土台四周有夯土围墙，呈方形，四正面设两层的门楼，四转角设曲尺形配房。方形夯土墙之外再围以圆形水沟，水沟的四正向还有环沟。在这座直径400余米的大建筑群中，门、墙、路、沟、台、屋都是依据中心一根竖轴展开的，有条不紊，序列分明。

北京天坛的圜丘坛也是竖轴布局的一例：三层汉白玉石坛台，四面出阶，周环圆形矮墙一周，方形矮墙一周，矮墙四正面皆设汉白玉石棂星门一座。坛台铺地石及栏杆石望柱都是按照9的倍数从中心向四周排列展开的。竖轴布局配合这座建筑所采用的洁白单纯的色彩与造型，使人们自然产生向心向上的情感，恰到好处地完成了这座建筑的艺术主题所需要的情感——对天的崇拜（图99）。

图99：北京天坛圜丘坛

　　著名宋画《金明池图》中所绘制的池中圆形水殿表现了另一种竖轴处理手法：中间为一重檐十字脊歇山顶的方形建筑，周围环以圆形临水围廊，廊的四正向设重檐歇山门楼，四门与中央建筑以十字廊相联系。整个组群虽然全为单层建筑，但利用建筑屋面高低形状的变化及圆形的总体布局，强调出竖轴的存在，暗示这座岛屿是观赏路线的重点与结束。

元代以后兴盛起来的喇嘛教，为了宣扬经典中描述的诸佛汇集的佛国世界形象，创造了所谓"坛城"的图式，即世界中心为须弥山，山腰为四天王天，山顶有忉利天，是天帝住的地方，须弥山四周有大海，海中有四大部洲、八小部洲等。这种构思往往用绘画、模型、甚至建筑组群等方式来表现。例如西藏的桑耶寺，承德的普宁寺、普乐寺等。这类坛城采用的也是竖轴布局。如普乐寺后半部以旭光阁为中心，其本身造型即为重檐攒尖圆顶，室内中心陈列一座木制四方坛城模型，旭光阁下承两层高台，第一层高台四正向及四角配置了不同颜色的八座琉璃喇嘛塔，比例和谐而富于变化，再下边四周为群房及四门，整座组群称之为"阇城"，是一座以明确竖轴布置的建筑组群。

虚轴

由于地形地貌等因素影响、无法实现延续的轴线布局时，往往将一些相距较远的建筑物按轴线对应关系进行安排，使得视线有一个焦点或尾声，这种轴线可称为虚轴，与古典园林中应用的借景手法有类似作用。例如长达8公里的北京城主轴的一头一尾实际为虚轴，出正阳门箭楼至永定门近3公里的长街两侧，商店鳞次栉比，并无对称性安排，但有了永安门作对景，自然把这条街道贯穿起来了。又如蓟县县城内的辽代建筑独乐寺，正南方有白塔一座，两座建筑没有建筑上的联系，中间相距百余米，且盖满了住宅，没有道路相通，但这两座高建筑可以互相瞭望，彼此成为对景建筑物（图100）。这就是虚轴的运用在城市景色中起的作用。

图100：河北蓟县独乐寺观音阁远望白塔

明十三陵也有虚轴的手法。整个陵区内13座陵墓全部坐落在山麓下，东西北三面为山岭所环抱，以南部两座相对的小山为陵区入口，入口处还建造了一座五间六柱十一楼的汉白玉石坊。这座石坊的选址非常巧妙，从石坊中线望去，恰巧对着天寿山主峰，主峰下正是陵区的主陵——明成祖的长陵。虽然石坊距长陵远达9公里，其间通路几经折曲，还越过两条河沟，但由于这种轴线的对景处理，在入陵区之始即显示了全陵建筑的气势，突出了入口的重要地位。

　　古典建筑组群的轴线处理虽有上列各种手法，但在结合地形、地貌、建筑体量等方面，尚可创造出多种配置方案，而且经常多种手法并用，或者与体量均衡式布局并用，虽有成法，却无定式。

中国古代建筑色彩与众不同，用色强烈；图案丰富；使用色彩的部位多、面积大，但彼此间又十分和谐统一，具有绚丽、活泼、生活气氛浓厚的艺术风格。在形成中国建筑色彩的诸多因素中，以琉璃瓦、彩画及汉白玉材料所起的作用最大。

15

彩色的建筑

世界上任何国家或地区的建筑都缺少不了色彩，因为整个世界就是一个彩色的世界，但每个国家的建筑色彩基调和风格又各不相同。古代希腊建筑的色彩呈现一种洁净的风格；欧洲高直建筑色彩又过于沉重；俄罗斯古代建筑色彩较为繁杂；伊斯兰教建筑色彩十分华丽而又有较强烈的神秘感；日本古代建筑虽然与中国接近，但色彩偏于简素。中国古代建筑色彩与众不同，用色强烈；图案丰富；使用色彩的部位多，面积大，但彼此间又十分和谐统一，具有绚丽、活泼、生活气氛浓厚的艺术风格。可以说中国古代建筑在运用色彩上有成熟的造诣。在形成中国建筑色彩的诸多因素中，以琉璃瓦、彩画及汉白玉材料所起的作用最大。

琉璃瓦

琉璃瓦是一种表面有各种颜色的玻璃质釉料的陶瓦。"琉璃"一词最早见于《汉书》，当时写为"流离"，是就一般初级玻璃而言的，若论涂釉陶器的应用时间，则比《汉书》所指的"流离"更早。在河南郑州二里岗商代城市遗址中曾有带釉的陶器残片出土，证明在公元前1000余年即已掌握制釉技术。建筑上使用琉璃瓦约始于公元4世纪初，相当于西晋末年，历经唐、宋，迄元、明、清而大盛，初期建筑上使用琉璃瓦件仅限于屋脊鸱尾、檐头瓦件等处，后渐扩展到全部屋面及饰件（图101）。最早出现的琉璃瓦颜色为绿色，以后陆续增加了黄、蓝、褐、翡翠、

图101：山西洪洞广胜寺飞虹塔细部

紫、红、黑、白等颜色瓦。五彩缤纷，流光夺目，不仅是优良的屋面防水材料，还是建筑外檐重要的装饰材料。

琉璃釉的主要成分是二氧化硅（SiO_2），熔融以后可以形成玻璃状光泽。为了使其较易熔化，还要增加助熔剂，一般使用的原料为铅丹或密陀僧。为了使琉璃釉呈现不同的色泽，尚需加入一定的呈色剂，即铜、铁、钴等金属氧化物，因大量使用铅或铅的氧化物作为助熔剂，窑温900摄氏度左右釉料即可熔化，此种釉属于低温釉类。也唯有低温釉才能保证釉色鲜丽。中国古代琉璃釉使用的原料，皆为天然的矿物，各地矿石的品位及成分皆不相同，因此配制比例也不相同，形成多种多样的地方特色，例如山西介休的金黄色瓦、平遥的孔雀蓝色瓦，瓦色十分艳丽，外地琉璃瓦很难达到这样的水平。

琉璃瓦屋面从唐代的剪边作法发展至宋金时代，已扩大为全部屋面满铺。琉璃瓦不像一般青瓦那样容易砍截或用灰包衬，必须事先按屋面大小及形式，设计出坯样，一次烧成。为了适应各种屋面形式的变化，至迟到明代，琉璃瓦已经形成固定的标准型号，包括筒瓦、板瓦以及所用的吻兽、脊筒、走兽、钉帽等配属瓦件。型号计分10种，称之为"十样"，除一样瓦与十样瓦在工程上未曾使用过外，计有8种规格。目前应用的最大型号为北京太和殿屋面使用的二号瓦，其正吻高达3.36米，重量为3.65吨。

明清两代建筑所用琉璃瓦的颜色，也反映了等级观念。如金黄色为皇家宫殿、陵寝的专用颜色，亦可用于重要的坛庙及敕封的寺观；绿色用于王府、佛寺；黑色用于祭祀建筑；蓝色专门为祭天之用；园林则多用杂色。由于琉璃的色泽艳丽，品类多样，故在封建社会后期，琉璃瓦件的应用逐渐由防水材料向装饰材料过渡，产生出各种形式的琉璃面砖（图102）。宋代开封祐国寺塔在高达50余米的塔身上全部镶贴铁褐色琉璃面砖，故俗称开封铁塔，也是我国最早的一座以琉璃面砖装饰的建筑物（图103、图104）。明代山西也有多座琉璃塔皆

图102：北京颐和园多宝琉璃塔

是彩色面砖拼贴的，最著名的为洪洞广胜寺的飞虹塔。清代还将

图103：河南开封祐国寺塔

图104：河南开封祐国寺塔琉璃砖

琉璃面砖应用于喇嘛塔的装饰上，一反喇嘛塔素白无瑕的外貌。承德几座寺庙中的喇嘛塔很多都有通体的琉璃装饰，并各按方位设计成不同的颜色，配以镏金塔顶，光彩夺目。自明清以来，琉璃制作还与历史上形成的建筑塑壁技术结合起来，在制作大型琉璃塑壁方面取得很大成就。现存的三座九龙壁——大同九龙壁、北京北海九龙壁（图105）、故宫宁寿宫九龙壁都是脍炙人口的名迹。清代除了用于建筑装饰件的琉璃件以外，还制作了香案、供具、焚帛炉等大量小品饰件，据《大清会典事例》记载，这些零星小件名目达二三百种之多。

图105：北京北海九龙壁琉璃砖细部

汉白玉

中国古代建筑虽然以土、木为主要建筑材料、但使用石材的部位及数量也不少。例如木柱立于地面上，为了扩大接触面以增加承载能力，要在柱根设置础石。因早期木构的木柱栽置于地下，础石埋在地中，仅用粗糙的大块卵石即可。自汉代以后，建筑木构架上升到地面以上，础石亦浮出地面，础石表面的加工成为室内装饰的重要部位。唐代的复莲柱础、宋代的缠枝花卉柱础都是体现当时建筑风格的重要标志。明清以来，官式建筑虽然多用素平无华的古镜柱础，但在南方民间建筑中，柱础依然装饰得十分华丽，鼓状瓶状各异，方形圆形不一，有的还在础上加用石盘，成为多层的柱础，遍体雕饰着动植物纹样。建筑台基也是应用石材的重要部位。初期的夯土台多用砖包砌，重要建筑物的阶沿及台角加用石条，以后发展成全用石材包砌。到唐宋时期，由于佛教的传播，形成了由数层石条（或砖条）垒砌成具有束腰的须弥座式台基，在须弥座的上下枋、枭混及束腰部位都雕饰着大量的纹样，作为美化建筑外观的手段。此外如石柱、石阶、夹杆石以及石灯、石花台等小品也是应用石材的建筑构件。

综观历史上的用石例证，可以发现早期石材艺术加工多局限于雕凿手段，即制造出体型的起伏变化，增加光影明暗效果，取得美化目的。宋代石雕技艺即已形成剔地起突（高浮雕）、压地隐起华（浅浮雕）、减地平钑（线刻）和素平四种形式。明清时期在南方盛产佳石地区更发展了透雕技艺，在一根石柱上有数条云龙浮绕于柱身，而且四面透空，可以说达到了石雕艺术的极限。伴随石材用量增加，工匠们开始注意石材质地及色彩的选择，明清北京地区所用石材即有青石、青白石、青砂石、豆渣石、紫石、豆瓣大理石、艾叶青石、汉白玉石等十余种之多。石色在建筑艺术中发挥了更重要的作用，其中最有特色的是汉白玉石。

汉白玉是一种纯白色的大理石，主要由一种叫方解石的矿石组成，化学成分是碳酸钙，产地在北京房山县大石窝，矿脉供采掘已达千年，此外河北曲阳、安徽凤阳也有出产。宋人杜绾所著的《云林石谱》中就提到过它："燕山石，出水中，名夺玉，莹白坚而温润，土人琢为器物颇似真玉。"证明宋代人已发现了它的装饰价值，不过尚未用作建筑石材，仅雕制为小件器物。当时称之为"燕山石"，也说明它是产于北京附近的。

明清以来，汉白玉成为大内及陵寝的专用材料，因其材性柔而易琢，故可雕镂成各种精细的图案。汉白玉大量应用于台基须弥座上，与黄色琉璃瓦的屋顶、铁红色涂染的墙壁形成封建末期宫廷建筑典型颜色配比，具有纯净、热烈、庄重的色彩特征（图106）。由于汉白玉洁白无瑕，故而单独使用时更有独特的感

图106：北京故宫
乾清宫石栏杆

染力。这方面最成功的实例为明十三陵的五间六柱十一楼的大石坊，通体洁白，以蓝天为衬，愈加显得崇高肃穆。清代西陵中的雍正帝泰陵也应用了这一手法，并将一座石坊增加为三座石坊，形成一组雄阔洁白的石坊群。天坛的圜丘坛原是青色琉璃砖砌筑的，乾隆年期改砌为汉白玉石栏杆及台基，取得了异乎寻常的艺术效果。在一般宫殿建筑色彩配置中，白石基座是作为一条线带安排在底部，与屋顶、墙壁互为衬托，而圜丘坛则是在绿树、红墙包围中的一团白色，从颜色的光亮度上保证坛体的主导地位。圜丘设计不仅是构图艺术，也是色彩艺术的成功范例。

彩画

华丽的建筑彩画起源于木结构构件防腐的要求。最早仅在木材表面涂刷矿物质颜料以及桐油等物，此后逐渐发展成彩绘图样及图案，成为中国古典建筑中最具特色的装饰手法。公元前6世纪的春秋时代就有"山节藻棁"的记载，即将建筑梁架上的短柱涂刷上水藻状纹样。秦汉之际，华贵建筑的柱子椽子上也绘有云气龙蛇等图案。由于广泛使用帷帐作为建筑物室内的屏蔽物，故而一些绫锦织纹图案也用于建筑彩绘上。南北朝以来，一些佛教花纹如卷草、莲瓣、宝珠等也成为建筑彩绘题材。宋代建筑彩画进一步规格化，形成五彩遍装、碾玉装、青绿叠晕棱间装、解绿装、杂间装、丹粉刷饰等六大类，分别用于不同等级的建筑物上。明代彩画在宋代如意头图案的基础上发展成为旋子彩画，并成为明清时代五六百年间的主要彩画类别（图107、图108）。清代工匠又创造出雍容华贵、金碧辉煌的和玺彩画（图109），以及

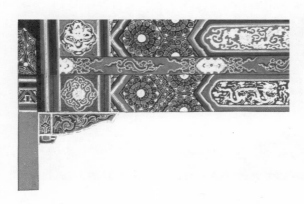

图107：清宫式金线大点金旋子彩画

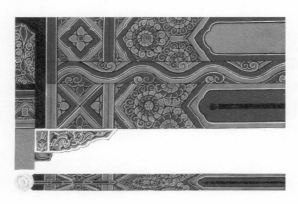

图108：清宫式雅乌墨旋子彩画

图109：北京故宫太和殿金龙和玺彩画

灵活自由、画题广泛的苏式彩画（图110、图111），进一步丰富了彩画的艺术形式。今日木构建筑虽已被砖石混凝土结构所代替，但在室内外装饰工程中依然可以参借历代传统彩画的构图规律及用色原则，以发展形成具有中国特色的装饰风格。

中国古代彩画技艺有许多独特之处。例如绘制某一颜色线道时，往往用深浅不同的同一颜色依次涂绘，形成层次变化，术语称之为"退晕"。退晕原来是应用在壁画上的手法，用以表现物

图110：北京北海快雪堂浴兰轩次间枋心式苏式彩画

图111：北京颐和园长廊包袱式苏式彩画

体的体积变化。据记载，南朝梁的大画家张僧繇在画一乘寺壁画时曾画出了花瓣的凹凸体积效果，估计使用的就是退晕之法。此法用于彩画后，图案更加规格化——清代规定石碾玉彩画为三层退晕，而雅伍墨则为两层退晕。应用退晕法使得建筑彩画图案的线路更加柔和浑厚，避免了刚硬之气，与木结构的建筑造型协调一致。

封建后期的彩画图案摆脱了写生画的影响，更趋向图案化，最有代表性的就是旋花图案。旋花是由宋代如意头、西番莲图案发展而来的一种团花图案，本身不代表具体花卉，而是数种花卉综合起来的程式化的图案。有整团的、半团的、一路花瓣、两路花瓣、勾丝咬式花瓣等图案形式，互相组合成不同长度与宽度的长条形彩画，绘于梁枋的两端，犹如花锦包裹在梁枋上。加之用色上采取青绿相间之法，使整体效果既统一，又富有变化；既有写生余意，又是规格化的图形，其华贵的建筑装饰艺术效果比单纯写生画法要强烈得多。

中国彩画制作中尚有"沥粉"之法，就是将桐油和白粉配成的粉浆挤压在彩绘纹样界缘上，形成凸起的白色线道。这种方法在南北朝时期绘制的壁画上即已采用，明清时期成为通用之法，同时在一些陈列品、工艺品中也有应用沥粉。沥粉可以使平面图案增强立体感，以线条明暗来烘托色彩效果。

"贴金"是中国彩画的又一创造，将金箔直接贴在彩绘图案上，以最亮的颜色——金色来统率所有颜色，形成更加辉煌闪烁的色彩效果。在具体用金方法中又分贴金、泥金、扫金，可以产生不同质感。所用金箔又分赤金、库金等不同金色，辉煌之中仍有许多变化。

中国彩画之发展可以从三方面看出其演进轨迹：其一，图案由写生风格转变为规格图样，与建筑线条风格更为协调，一般工匠皆可制作并能保证必要的艺术质量；其二，色彩运用上由五彩遍装向具有明显色调的色彩配置方面转变，明清彩画明显地分为冷暖色调，冷色以青、绿、黑、白为主，暖色以赭、红、黄、金、粉为主，冷暖彩画图案分别用于建筑的不同部位；其三，由一般装饰美化向具有个性的彩画类别发展，很明显地看出和玺彩画、旋子彩画、苏式彩画分别代表着华贵、素雅、活泼三种不同格调。彩画在增强建筑艺术的表现力、感染力方面起了突出的作用。继承传统彩画的精粹，除了在技艺上应该继续发扬改进之外，更重要的是要充分理解作为装饰手段的彩画技艺，在建筑艺术上的重要作用及其成功经验。

古代各个国家、各个民族，乃至各个国家内的各个地区之间的建筑都具有明显的差异，表现出浓厚的乡土气息。中国地域广博，历史悠久，现存的具有特色的民居建筑不下数十种，其数量之多，形式之异，在世界各国中也是十分少见的。即使在今时今日，也是一笔丰厚的历史遗产。

乡土建筑之根——民居

古代各个国家、各个民族，乃至各个国家内的各个地区之间的建筑都具有明显的差异，表现出浓厚的乡土气息。人们往往依据当地乡土建筑的外形，就可测知此地是什么国家、什么民族，就像听方言可知说话人的原籍一样。这种乡土味并非故意造作，而是天造地设的，可以预见今后建筑的乡土特点还会继续表现出来。当前世界技术进步很快，各国各地彼此在技术上交流融合，建筑中的共性成分增加，个性部分减少，但绝不等于没有差别。在众多形式的乡土建筑中，对形式发展具有决定性影响的是量大面广、相继相承的民居建筑。它是乡土建筑的根本，甚至高大宏伟、技术精湛的宫殿庙宇也不断从民居建筑中汲取营养。

中国地域广博，历史悠久，现存的具有特色的民居建筑不下数十种，如北京的四合院、山西及陕西一带的窑洞住宅、江南一带的"四水归堂"式住宅、蒙古包、西藏碉房等。其数量之多，形式之异，在世界各国中也是少见的，对于当今建筑设计工作，无论从形式上还是构思上都是一笔丰厚的历史遗产，可供我们参考借鉴。我国多彩的民居建筑形式无法用少量笔墨概括，但其表现出的朴实的设计思想却带有共性。

生活要求是民居设计的基准

这个原则是古往今来所有建筑所遵循的规律，但在民居建筑中表现尤为突出。以典型住宅的北京四合院为例，它由四面房屋围成的院子为基本单位，联合数个院子而成为一幢住宅（图112）。一般中轴上的建筑群由四个院子组成。在东南角开设大门，临街面南。进门为外院，外院的南面为倒座房，作为外客厅及杂物间使用。外院与内院间有围墙及垂花门分隔，一般客人不进内院。进垂花门为内院，面积较大，正厅为内客厅，作为家庭集会时用。从东面耳房转向后面为二进内院，二进内院的正厅为家长住房，厢房为子侄、晚辈等用房。内院四周各房屋用周回的抄手游廊及穿山游廊相联系。最后为后院，一般沿后街建造，一排9间房子，作为库房、厨房、仆人用房等，西北角开后门通后街。假如家族人口众多，尚

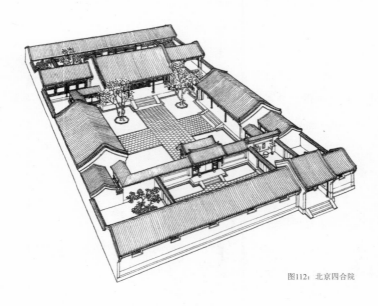

图112：北京四合院

可与中轴线并列建立东西两轴线，布置住宅用房及书房、花厅等项目。住宅四周有围墙封闭，对外不设窗，大宅院尚在围墙之内设更道一圈。院内栽置花木或陈列盆景。所有房屋的使用，既满足了当时社会的内外有别、长幼有序的礼制要求，而且也使得居住者获得一个舒适安静的居住环境（图113、图114）。

图113：北京西观音寺某宅装修

图114：北京西城护国寺街9号梅兰芳故居

这种布局不仅通行于北京，从东北、华北、江浙、两湖一直到云南，很大一片地域的民居都是采用四合院（有时是三合院）布局形式，但又针对当地生活要求有所变异。东北四合院的院落较大，四周院墙也很空旷，这是因为当地住户多用马车为交通工具，在院落中需有一定的回转余地。苏州地区四合院房屋密集，院落较小，前院多将东西厢房取消，改用高围墙，这是为了减少日晒的影响，造成荫凉的效果。同时由于水乡地区气候潮湿，故将后院住房改为楼房，楼下用于起居，楼上较为干爽，作为卧房之用。南方普通民居往往将正房的当心间做得宽大一些，并且不做前檐门窗装修，成为敞厅，这样做不仅凉爽，而且光线充足，既适合生活起居，又可进行户内生产，如刺绣、编织等（图115、图116）。江南水乡住宅充分利用水运之便，在后门沿水巷设立住宅自用小码头，可以乘船出进，进行买菜、运物、洗刷用具等家务活动。

少数民族的民居中也同样反映出密切结合生活使用要求的特色。蒙古族的蒙古包是适应游牧特点的活动民居；云南、两广一

图115：江苏无锡薛福成故居小院

图116：江苏常熟翁同龢故居

带少数民族所喜欢用的干阑式住房（图117），其底层为架空的空间，人们居住在上层，这样设置一方面可以减少因土地潮湿而引起的疾病，另一方面也可避免虫蛇的侵袭；云南傣族利用当地盛产的竹材搭制竹楼建筑，也是采用干阑的手法，但由于内室黑暗炎热，故在内室之外专门设置一个宽阔的前廊，作为白天家务活动、休息、妇女纺织和喜庆集会之处。前廊之前还有一晒台，设有晒架，可供晾晒粮食、杂物之用。一切空间上的布置安排皆源于当时当地居民的生活要求。

图117：云南景洪傣族住宅

　　在福建、广东聚居的客家族，其民居是一种特异的形式。一个大家族系统内的数十户人家共同居住在一幢四五层的环形大楼内，有圆形的或方形的。外墙为夯土墙，厚达1米以上，不开外窗，形同一座堡垒。底层是杂用间、厨房、畜舍，二层是谷仓，三四层住人。环形建筑包围着内院，内院中央为一座宗祠（图118～图120）。这样的布局形式也是基于客家人特别的生活方式：客家族原为中原移民，在福建、广东客居，他们为了保护

图118：福建永定湖坑乡洪坑村振成楼

图119：福建南靖书洋乡田螺坑村

图120：福建南靖田螺坑村文昌楼内景

自身的安全，采取聚族而居的方式。一族建一幢大房子，提高层数，加厚外墙，也是为了保卫安全。当然这样的生活方式是很特殊的。特殊的生活决定了特殊的民居形式。

用材经济，构造便捷

民居建造技术中对"就地取材，因材致用"原则的运用最为突出。各地民居中几乎将土、砖、木、竹、石等所有结构材料都运用进去了，居民可以在本地获得最便宜的材料来建造房屋。

中原一带长期使用木材为构架用材，其主要构架方式可分为两种。北方为抬梁式，即在柱上架梁，叠置数层，再在各层梁端架檩条（图121）。此法是为了应对北方屋面厚重、荷载较大的特点，一则可用屋面重力保证构架稳定，二则这种构架可以分成单个构件，拼装施工方便。南方则用穿斗式构架，即在柱上架檩，柱柱落地，柱间以穿枋和斗枋相联系，以保证构架稳定（图122）。此法是适应南方气候温和，屋面薄，荷载小、檩柱用材小的特点。这样每榀屋架可以在地面穿斗好，进行整体施工。在干旱少雨地区，木构架也有做成平顶的，如新疆维吾尔族建筑和西藏等地的藏族碉房建筑，多用密肋平梁构架方式。而一些林木丰盛地区则仍沿用古代传统的井干式住宅，以原木相互交搭为墙体，以承屋顶重量，这种房子在东北大兴安岭及云南四川等林区中常常采用。

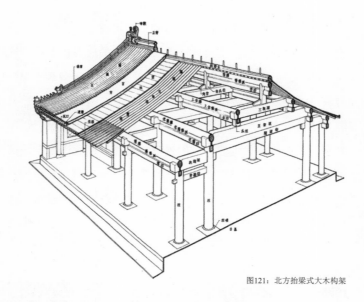

图121：北方抬梁式大木构架

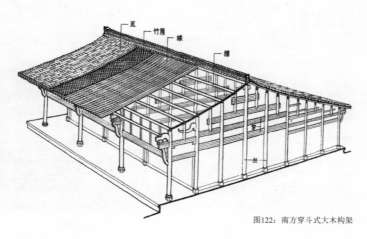

图122：南方穿斗式大木构架

在土工方面，匠师们同样积累了丰富经验，民居的土结构以土窑洞与土坯拱的使用最有特色。土窑洞多应用在黄河流域的河南、陕西、山西、甘肃等黄土地区（图123），一般靠土崖建造，可凿进一洞，也可数洞相连，或上下数层（图124、图125）。窑洞冬暖夏凉，节约能源。西方一度盛行的"生土建筑"，即是这种利用保温性能优良的黄土所建造的房屋。而我国土窑洞可谓此类建筑的先声。土坯拱以新疆吐鲁番地区最普遍，且当地匠师建造土拱不用拱架，而是利用夹楔和拱身微斜的方法砌筑，施工速度很快。

图123：山西临县碛口李家山村窑洞住宅

图124：河南巩县窑湾乡巴沟曹宅靠崖窑

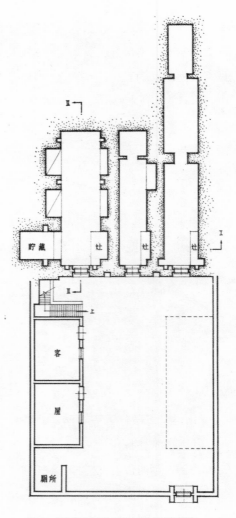

图125：河南巩县巴闺乡巴沟村窑洞住宅平面图

民居中的石工技术当推藏族工匠所造的碉房。这种住宅一般为三层。底层作牲畜房和草料房，二层为居住部分，有两三间，三层是经堂及晒台。四周全为石墙，内部为木柱梁及密肋式搁栅结构。藏族工匠砌筑石墙的技术相当高明，砌筑3层外墙乃至数十米高的碉堡均不用立杆挂线，不用外脚手架，而是在房屋内部砌筑，保证墙壁非常挺拔平整。云南傣族的竹楼建筑则全部为竹木结构，取材方便，施工简易，在乡邻帮助下，一幢住宅两三天便可建成。

至于民居的墙体构造及装修细部等，更具有就地取材的特点。除了黄土地区的夯土墙以外，江南的空斗砖墙、木骨草泥墙，福建沿海地区的彩色块石墙，浙江天台、绍兴等地的石板墙，云南的不同图案编织法的编竹墙等都具有浓重的地方特色。此外，铺陈用的竹席、毡帐，采光用的油纸、明瓦、蛤片也都是将地方特产用于居住建筑的体现。

灵活的建筑形式

生活在发展变化，地区条件各有不同，建造者的财力物力各有丰薄，一切变化着的条件都要求民居必须具有灵活的建筑形式。以北京四合院为例，小的住宅仅有一个独院，正房三间，东西房各一间，倒座房两间，也能组成院落格局。再小还可以有三合院、两合院，甚至仅有三间正房的小院。而巨大的四合院住宅可以有数进房屋，数条轴线，上百间房间，并带有私家花园。四合院的各组院落可以联通，也可隔绝——家庭人口增多以后，可将邻近的四合院组织到自己宅院中来；有时因封建大家庭瓦解，将大宅分隔成数院，各开门户，各房子侄分居独自生活，这些情况都是很常见的。在北方，典型四合院的朝向多为朝南，但在具体街坊布局中常将门户开在北面或东西面的胡同里。总之，在布局上是严整的，而在运用上又是灵活的，可随时适应不同的客观情况。

窑洞建筑也是一种很灵活的建筑形式，根据各地土层厚薄、黄土断崖深浅，可以产生不同的窑洞形式。一般在土崖壁上开凿的窑洞称靠崖窑，可数洞相连，可上下开窑数层，有的窑洞前建造房屋院落，形成靠崖窑院。某些缺少高峻山崖、但土层深厚的地区，如河南巩县等地，则在平地上开凿方形或长方形的深坑，在深坑四周开凿窑洞，称为地坑窑或天井窑（图126）。这种窑洞可串通数个天井院，成为规模较大的宅院。此外山西一带也有用砖或土坯发券做成窑洞形式，称为窑房。取其冬暖夏凉的优点，上面覆土，做成平顶，农家可利用平顶晾晒粮食。这种"窑洞"已经脱离自然土层的约束，可在平地任意建造。

四川山区民居布局与构架更体现出民居形式的灵活特点。四川山区地形复杂，丘陵起伏，一般民居虽然也是由单栋房屋组成三合院或四合院式建筑，但工匠们又根据地形特征，采取许多辅助处理手法、形式各异的建筑组合。例如地形坡度较小时，可分

图126：河南陕县大营乡城村地坑院（平地窑）

层筑平台，逐台提高，每一台为一进院落，错落有致，这种手法称之为"台"；若建筑物垂直等高线建造时，可将建筑物分成几段建成阶梯形，称之为"拖"；若坡度小时，也可将室内地面做成一定坡度，称之为"坡"，也可随地形坡度下降方向将部分屋顶披下，称之为"梭"；若地势狭窄，用地较少，也可将建筑楼上部分向外挑出，争取空间，称之为"挑"，多应用于临街或沿江河的住宅；若在坡度很大或陡坡峭壁处建造房屋，往往用撑柱将住房的前部或后部支住，做成"吊脚楼"形式，减少大量土石台基工程量，称之为"吊"。工匠利用上述方法，可在任何复杂的地形区域建造适应需要的传统住宅而不受任何拘束（图127）。

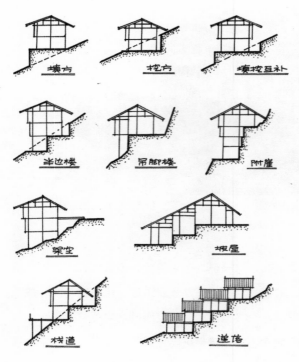

图127：山地民居利用地形的手法示意图

至于可随宜灵活拆卸及转移的蒙古包及藏族的帐房等，更体现了民居多方面的适应能力（图128）。

　　解放后社会主义建设对居住建筑提出了新的社会要求，但地形、材料、气候、技术条件等地区性因素乃至地方性的风俗习惯，依然是建筑师们必须考虑的问题，需要在传统住宅中汲取营养。至于民居设计中的空间处理及细部构造方面成功的经验，更可使建筑师们扩充眼界，抒发构思。

图128：内蒙古呼和浩特四子王旗葛根塔拉草原蒙古包

严整的城市规划，标准化、多样化的木结构体系，建筑与自然环境的结合，就地取材，因材致用，绚丽多姿的色彩……中国传统建筑正是以其独特的风格和丰富的内涵，成为与其他国家或地区迥然不同的建筑体系，亦对现当代建筑艺术的发展作出了重要的贡献。

17

华夏建筑的特色

任何国家或地区的建筑都有自己的特色，就像衣着用具一样，长年居住在其中的人们不太能感觉到，但外来人却可经过比较，得到新鲜的感触，敏锐地察觉出其特点。来我国旅游或工作的外国人第一次看到中国传统建筑时都表示出高度的赞美，为东西方建筑文化上的巨大差异而惊讶不已。我国传统建筑的诱人特色可以从下列几方面表现出来。

严整的城市规划

据考古发掘，奴隶制的古代埃及曾有过规整的城市规划，但欧洲自从步入封建社会以来，许多城市的发展都带有相当大的自发性，表现在城市布局形式上，是一层层环形放射式的街道网，道路弯曲狭窄，城市中心区更为显著。城市建筑精华往往集中在宫殿、城堡、教堂建筑及其相关的广场上，而整座城市则显得拥挤而没有一定的章法。西方城市进行总体规划是近代资本主义发达以后才开展起来的。

中国在战国时代（公元前5世纪）就曾对皇帝居住的首都——王城，提出完整的规划制度，全套思想记载在《考工记》一书中，这样的首都规划制度一直是历代王朝都城建设的依据。同期成书的《管子》中也记载了不少关于选择城址的原则，例如城市应接近水源，但要注意防涝；城市道路网设计要因地制宜，不一定笔直一致；城市居住区应该划分为闾里单位，并按职业适当分区等。

建于公元前4世纪至3世纪的秦代咸阳城和汉代长安城，不仅有统一的平面规划布局，而且在城址选择上也是贯彻上述理论的优秀实例。公元前2世纪的汉代，晁错根据当时国防形势，曾提出过固边移民建设边城的意见，认为选址要交通方便，草木丰饶，每城千家，划分闾里，由国家先筑房屋，每户三间，预先开辟好道路及耕田，设置医巫，种树造林，布置墓地等。这可以说是对边区军事城塞的规划设想，从近年在内蒙古、甘肃长城内外的汉代城址考古发掘中，可以证明这些主张确实曾付诸实践。

公元6世纪隋唐长安城的规划是一次规模宏大的城市规划实践，全城达8000余公顷，全部划分为整齐的方格道路系统，全城用地分区明确，道路通畅。被誉为"东方威尼斯"的苏州，在宋代称作平江府，它反映了另一种灵活的规划思想。由于地面水源丰沛，故而在城市交通系统中布置了一套由环城河、城内主河道与水巷组成的河渠网，既可排除城市雨水、污水，又可用作运输，以补道路交通之不足。因此这个城市的住宅布置都是前临街、后临河，形成了别具一格的水乡城市风貌（图129）。

完整地保留至今的明清北京城，它的前身是元代大都城，它那整齐宽敞的街道、豪华的宫殿园林、布置有序的坛庙集市，曾使当时在元代宫廷任职的意大利商人马可·波罗惊叹不已。

严整的城市规划方式反映在府、州、县级的中小城市中，一般以州治、县治或鼓楼作为城市中心，形成井字、丁字或十字的

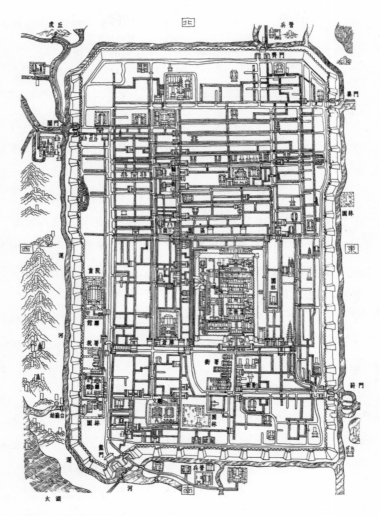

图129：宋平江府城图碑

街道网，四面开设城门，沿街布置牌楼、店铺，而住宅则安排在呈平行排列的小巷之中。这种布局在北方城市中非常普遍。

标准化、多样化的木结构体系

西欧国家古代建筑大部分为砖石结构，因此表现出来的外观特点为梁柱粗壮，门窗狭小，墙壁厚实，装饰方法上以砖石雕饰为主。古希腊、古罗马的神庙、府邸等即是如此。拜占庭到哥特时期的建筑虽然广泛采用拱券技术，建筑外观上表现出了空透的构图，但其总体艺术效果仍属厚实的砖石建筑风格。西亚、北非等地的伊斯兰教国家，其重要建筑以穹隆结构为屋顶主要形式，建筑外观上充满了各式球形的构图，也有其独特风貌。

中国古代建筑结构是以木材为基本材料，其构架方式是以柱上架梁，梁上叠梁，梁端架檩的抬梁式木构架为主。其用材的体量比西方建筑要细巧得多，加以中国建筑所特有的斗栱构造，使建筑外观显现出一种玲珑、纤巧的格调。

中国建筑为什么长期以木材为基本材料，这是一个由地理、人文、社会经济等诸方面因素所决定的问题。古代中国地处温带，拥有丰沛的林木资源，取材方便，而且木材是最容易加工的建筑材料，世界各国皆是如此，在古代的一般性建筑中，除了土以外，以木材应用最多。中国气候不十分寒冷亦不十分炎热，木构建筑可以解决大部分地区的生活使用要求。中国人喜欢将居住生活与自然环境相结合，建筑布局向平面方向发展，除佛塔以外，高层建筑较少，因此解决单层建筑的结构问题，木材最为灵活自如，而且随着使用的变化，改造木构建筑也比较容易。同时，古人还受到一种传统观念的影响，即对建筑的坚固程度采取相对的态度，即在使用期内的坚固，不要求建筑物千年不朽。相较而言，人们更重视现实的实用要求，希望能在较短的施工期限内得到满足，并希望建筑物随着时代的变化，经过改造后能很好适应新的要求，这样自然以木构建筑最为合宜。

中国古代木构体系可以综合满足各类建筑不同的使用要求和艺术要求，大至宫殿、寺庙，小至民居、园林，以至高塔峻阁、桥梁、作坊，皆可灵活运用。现存许多世界驰名的优秀木构实例，如1200年前建造的唐代佛光寺大殿，1000年前建造的辽代独乐寺观音阁，900多年前建造、高达66米的佛宫寺释迦塔，600年前建造、面积近2000平方米、现存古代最大的殿堂——明长陵棱恩殿，都是脍炙人口的。

中国木构体系之所以应用范围广、持续时间长，重要原因是它体现了标准化与多样化相结合的原则。标准化的努力包括了模数概念、标准尺度等方面。至迟到唐朝已发现用栱的高度作为梁枋比例的基本母度，这就是初期的模数。宋代《营造法式》一书中称这种模数为"材"，而"材"又可分为十五分，以十分为其宽。材的大小有八等，根据建筑类型之不同而分别采用。清代这种模数称为"斗口"，计有十一种斗口等级，经学者研究，按宋代标准，建筑物的间广、椽架平长、柱高、生起、椽距、出檐、出际等有关建筑设计的数据皆按材分制度加以规定，形成一定的标准尺度。按照材分制度建造房屋不仅加快了施工进度，而且还可保证各类规模的建筑皆可取得和谐的轮廓与均衡的比例。

在推行标准化的同时，中国木构体系也非常注重建筑形式的多样变化。不仅在建筑平面上可以简单的个体单元灵活组合形成一字形、十字形、"冂"字形、曲尺形、"亚"字形，以及圆形、八方、扇面等形式。屋顶部分也可在庑殿、歇山、悬山、硬山四种基本形式的基础上，演化出重檐、盝顶、抱厦、龟头殿等，并组合成各种复杂的组合体（图130）。至于门窗棂格、墙面雕饰、屋顶脊饰、壁画彩绘等细部装饰方面，更显现出各个建筑的特色。结构方面虽以抬梁式构架为主导形式，但同时也大量采用穿斗架、井干架，以及悬挑、干阑等多种形式，施以砖墙、夯土、土坯、块石、卵石等多种墙体材料。标准化及多样化的努力使得各类古代建筑之间不仅具有统一的民族风格，也表现出自身的明显的个性特征。中国这套成熟的木构体系可以长期适应古代社会的需要，成为世界上应用时间很长久的结构体系之一。

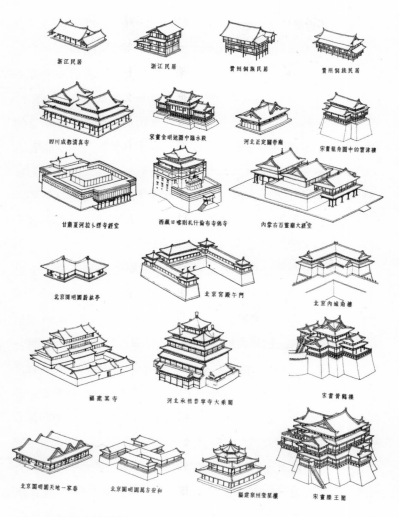

图130：中国古代建筑屋顶形式

建筑与自然环境的结合

　　建筑是人类改造自然的重要活动之一，但它又离不开自然环境，在环境条件制约下进行，成功的建筑活动改造并丰富了自然面貌。在这个问题上，东西方有着不同的意趣。西方建筑强调建筑物本身，着意创造纯净的建筑体形环境，一座华贵的建筑物、一组雄伟的建筑群，或是一条壮观的街道，反映着人类巨大的物质创造能力，为大自然增色生辉，建筑的出现为自然环境增加了新内容。而中国传统的建筑活动除改造自然外，还强调与自然的结合，把建筑组织到自然环境中去，提高整个环境的美学质量。

　　许多建筑群的选址基本上是对自然环境的选择。名山中必有古寺，著名的寺院往往选择在林木葱郁的山峦峰谷之中，满山青翠透出一簇簇红墙黑瓦，不仅不会破坏自然气氛，反而增加了不少画意诗情。杭州虎跑寺、苏州灵岩寺，以及武当、峨眉、青城、九华诸寺观都是融合在大自然中的优秀建筑创作（图131、图132）。陵墓建筑更是密切结合自然条件，不管是因山为坟的秦骊山陵、唐乾陵，还是在群山环绕中的明、清帝陵，都是借着山峦灵秀之气势，增加陵墓建筑的艺术魅力。

　　中国城市的选址固然受交通、物产、政治形势、地理位置的制约，但也考虑到自然环境之美。秦始皇营建咸阳城时，地跨渭河南北两岸，渭北为咸阳宫，渭南建信宫及阿房宫，并"表南山

图131：浙江杭州
虎跑定慧寺

图132：浙江余姚
保国寺

17. 华夏建筑的特色　　　**279**

之颠以为阙"，把山川都括入城市之中。元大都城也是以琼华岛太液池为基干营建起来的。明代南京城的规划中，除在城内包括了秦淮河、莫愁湖、狮子山、清凉山之外，还北临长江，东依玄武湖，隔湖与钟山相望，河湖秀丽，山势峭拔，有着天然的景观资源。

传统的居住建筑是依靠院落布局来形成居住环境的，由四面房屋围绕的院落本身即是良好的居住环境，夏季吃饭乘凉，进行生产活动，种植数株枣、柿，布置一架葡萄藤萝，花台上点缀数盆花木、盆景，把自然趣味完全引入生活之中。北方的富户大宅还可在夏季搭设凉棚，使庭院成为有掩蔽的生活空间，如今现代化大宾馆四季厅的意匠实际上可以说由此脱胎而来。较大的宅院尚可布置单独的花园，设一两座花厅，作饮宴读书之用。就是在政治气氛最突出的故宫建筑群中，也要设置御花园、西花园、宁寿宫花园等，将自然环境渗透到建筑组群中去。

传统的园林中也渗入了建筑创作，在中国很难找到一座纯自然环境的花园，许多美景都与建筑融合了。园林建筑也都是依托着自然环境而存在，高处建"阁"，峰回路转处设"亭"，临水为"榭"，僻静处造"馆"，建筑形式与自然环境成为相辅相成的内容。至于叠山、垒石、引水、聚池、架桥、开路、围篱、设门等，无不是人类生活与自然环境具体结合的产物，只不过在园林中把它们艺术化地概括、提高了。甚至建筑密度极高的小园林中也同样富于自然的气氛。现代建筑的发展也已经开始注意这方面的问题，把建筑设计提升到环境设计的高度。

就地取材，因材致用

建筑活动是一项需要巨大财力及众多材料的社会活动，在某个时期，建筑材料会成为推动或制约建筑发展的重要因素。由于建筑活动用料极多，故必须注意材料的普遍性和经济性。中国传统建筑贯彻了"就地取材"和"因材致用"的原则，才保证了中国古代建筑传统悠久的发展历史。

一般人认为欧美古代建筑是砖石的艺术品，而中国建筑是木材的艺术品，代表着不同的艺术风格。但若提高来看，在木构的中国古代主流建筑中，实际包含着土、木、砖、石并举的用材原则。从已知的考古材料可知，商、周、秦、汉时期，夯土建筑是异常发达的，重要建筑的高大台基都是夯土筑成，宫殿台榭亦是以土台作为建筑基底，至今福建客家人三四层住宅的外墙仍用夯土筑成。封建后期制砖技术成熟以后，型砖成为建筑结构材料，各种砖制城台、券门以及无梁殿出现了。清水砖墙又发展了磨砖、刻砖艺术。长期以来，石材也是一种经济、易得、量大的材料，在封建时代早期已开始用于坟墓中，以后又广泛用在佛塔等高层建筑上，由于石材表面可做细致的雕饰，因此在基座、陛石、石柱等处成为美化建筑装饰的突出部位。至于华表、象生、望柱、经幢等单独的雕饰品更为古代建筑的美化增添了光彩。青海、西藏地区的藏族人民住宅以块石为墙（图133），广东、浙江山村以卵石为墙，福建晋江以条石为墙，浙江绍兴以石板为墙，都形成了极富于艺术性的地方特色。防水材料方面有青瓦、琉璃瓦，青棍瓦等。粉刷材料有白灰．青灰、红土等。装修用的建筑材料更为丰富，有毛边纸、高丽纸、银花墙纸等各种纸类；有锦、缎、纱、罗等纺织品；有编竹、竹篾等竹材；还有各种硬木、铜、锡、玉石、珐琅、蚌壳等装饰材料。西藏地区喜欢用当

图133：西藏拉萨藏族民居

地出产的边麻草装饰墙顶，新疆维吾尔族地区喜欢用石膏花装饰室内空间，都是因地制宜，因材致用的例子。可见材料本无贵贱，全在应用得宜。

绚丽多姿的色彩

西方古典建筑注意色调，建筑往往由单一的材料和统一的颜色形成纯朴的艺术风貌。如希腊神庙以洁白的大理石为主色，埃及神庙以黄色花岗石为基调。而中国古代建筑可以说是五颜六色交相融会的建筑，这一点与伊斯兰教建筑有类似之处。

中国建筑色彩运用在建筑的屋顶、墙身、木构、门窗等各部位。关于屋面修饰方面，战国时代在屋瓦上即涂饰红土粉，北魏时期开始应用琉璃瓦，至明、清大盛，瓦色发展为黄、绿、蓝、白、黑、紫、红、褐等各种颜色（其中红色琉璃瓦没有使用过），喇嘛教建筑中还盛行用镏金铜瓦做屋面，颜色更为璀璨。即使一般民居，屋面也要涂刷月白浆、松烟粉修饰檐头。墙身色彩除了砖、石、土的材料本色以外，涂料尚有青白灰、红土粉、黄粉等不同颜色。门窗涂朱是秦、汉以来的习惯做法，并以青绿涂画门户边框。明、清贴金之法以装饰门钉及棂花窗格更增华贵之气质。

木构件的色彩装饰也是由来已久，古代有"屋不呈材，墙不露形"的记述，估计当时是以织物的帐、帷、幔、幕装点室内，而后进一步将彩画图案直接涂饰在木构件上。宋代彩画尚多有写生之遗意，包括花草写生及飞天人物等题材；明清以降，改为程式化的旋子彩画，装饰意味更强。彩画设色上交替使用青、绿、黄、朱等冷暖颜色，又以黑、白、金色为分界线，不使其相混，创造了既有强烈对比效果，又有一定基调倾向的绚丽彩色图案。彩画艺术可以说是古代建筑艺术中独具东方特色的艺术之一。

建筑艺术属于创造形式美的艺术。不同民族的审美趣味，以及对于形式美学的思维逻辑各不相同，因之各民族艺术所表现出来的形式风格也各有其特点。虽然社会生产力及科技的进步让全世界人民更好地相互了解，统一了对事物的认识，但始终不能消除民族艺术的独立特点。当今世界各国建筑师都在努力探索本民族的传统建筑艺术特色，用之于新建筑，以期更好地为人民所欣赏和接受。我们相信，真正的民族艺术特色的不断发展，定会为繁荣新一代的建筑艺术做出有益的贡献。